L'ALGEBRE NOVVELLE DE Mr. VIETE Mᴱ. DES REQVESTES ORD. DE L'HOSTEL DV ROY.

TRADVICTE EN FRANÇOIS PAR A. VASSET.

A PARIS,
Chez Pierre Rocolet
en la gallerie des prisonniers aux Armes de la Ville.

Rabel. Fecit.

A MONSEIGNEVR

MONSEIGNEVR

DE BOISBOVDRAN,

GRAND PRIEVR DE FRANCE.

MONSEIGNEVR,

Ce feroit vn bon-heur infiny qui m'arriueroit, d'auoir en mefme temps de belles chofes à vous offrir, & de grandes veritez à dire à tout le monde, fi

ã

l'impuiſſance de m'acquitter dignement de
l'vn & de l'autre ne l'empeſchoit d'eſtre par-
faiĉt. Les belles choſes que ie vous offre ſont,
les œuures de Monſieur Viete, dont la reputation ne finira qu'auec celle des plus excellents
hommes : Et les grandes veritez que ie ſou-
haitterois pouuoir dire, ſont vos rares vertus,
& les qualitez éminentes qui vous releuent
d'auantage par deſſus les plus accomplis, que
vos charges & vos dignitez meſmes, par deſſus le commun. N'ay-ie donc pas raiſon d'ad-
uoüer, que ma foibleſſe & mon inſuffiſance
diminuë l'excés de mes contentements, & fait
tort à ces deux ſujets, qui ſeroient capables
d'arreſter les plus grands hommes de ce Siecle,
s'il falloit que la proportion fuſt gardée entre
les Eſcriuains, & la matiere dont ils traiĉtent.
Il faudroit vn ſecond Viete pour bien traduire le premier, & vous meſmes ſeriez obligé
(MONSEIGNEVR) de publier les vertus que tout le monde eſtime : & combattre
voſtre humilité par vos propres loüanges, s'il

n'y auoit point de dispense pour ceux qui n'en
font pas capables. Vostre maison illustre, &
la noble famille de tant de Comtes de Meaux
dont vous estes issu; La grandeur de vostre
courage qui n'a iamais treuué de difficultez
dans les plus hautes entreprises; Ceste rare
Pieté qui vous a fait aux yeux de tout le monde operer des merueilles à l'aduantage de la
Religion; En suitte de celle qui fit changer à vos
Ancestres les armes de vostre maison en cou-
ronnes d'espines, pour marque à la Posterité
qu'ils auoient contribué de leur sang à la con-
queste de la Terre saincte; Ceste Equité, ceste
Prudence, en vn mot toutes ces Vertus qui
vous ont fait meriter les honneurs & la charge
que vous possedez iustement, font autant de
matieres de liures pour les plus sçauants hommes; Et pour les autres, autant de sujets d'ad-
miration. Au nombre desquels me mettant, ie
me contenteray d'estimer ce que ie ne puis dignement escrire; Et de publier par tout, auec
vostre permission, l'honneur que vous m'au-

rez fait de prendre en voſtre protection les
premices de mes labeurs, & d'agréer les prote-
ſtations que ie fais d'eſtre toute ma vie,

MONSEIGNEVR,

Voſtre tres-humble & tres-
obeïſſant ſeruiteur.
A. VASSET.

AV LECTEVR.

L A lettre qu'vn de mes amis m'a fait l'honneur de m'enuoyer, me peut iustement dispenser d'vne longue Preface à la loüange de nostre Autheur, & m'exempter de faire la censure d'vne autre traduction, puis qu'elle satisfait tres-dignement à l'vn & à l'autre, & beaucoup mieux que ie ne sçaurois faire : Ne croys pourtant pas que ie te la donne pour en tirer quelque aduantage, & pour excuser mes fautes, en accusant celles d'autruy : Le seul interest de Monsieur Viete, & du public, m'ont obligé de la rendre publique, aussi bien que ses œuures, dont tu ne verras que le commencement pour ceste heure, en attendant que la bonne reception que tu en feras m'oblige à te donner le surplus, desia prest. Lis donc ceste Epistre auant tout le reste, & la reçoy comme

vn contre-poifon au venim que tu pourrois auoir
aualé de la premiere traduction, ou comme vn bon
preferuatif contre les mauuais nouueaux liures, du
nombre defquels tu ne la fçaurois exempter, quelque fauorable que tu puiffe eftre. Au furplus, corri-
ge mes fautes, & celles de l'Imprimeur, fi tu ne veus
point qu'il y en ait.   *Adieu.*

MONSIEVR,

Le soin que vous prenez de me rendre la solitude agreable, par la lecture des liures que vous m'enuoyez, meriteroit d'autres recognoiſſances que des ſimples remerciements, & des paroles inutiles : mais puis que force grands Seigneurs n'ont point d'autre monnoye pour payer leurs debtes, j'eſpere que vous vous en contenterez, juſqu'à ce que les occaſions ſe preſentent de m'en acquitter par effect. Cependant voicy la reſponſe à celle que vous m'auez eſcrite. Depuis le temps que ces grands hommes de l'antiquité nous ont laiſſé leurs œuures pour exemple & patron de toutes les noſtres, tant s'en faut que i'en treuue beaucoup qui les ayent ſurpaſſez, qu'à peine oſerois-ie en produire deux qui les ayent égalez en tout, & fort peu qui les ayent ſeulement bien pû imiter, tant la Nature deuient auare & chiche en la communication de ſes graces, à meſure qu'elle vieillit. De ſorte que quand il n'y auroit rien que la ſeule rareté qui miſt le prix aux choſes, on ne ſçauroit trop eſtimer ce qui n'arriue pas ſouuent, & ce qu'elle ſemble produire, ou par faueur, ou par effort, puis qu'elle y employe tant de ſiecles. Au nombre de ces choſes rares, ie conſidere & place fort ſouuent l'eſprit & les œuures de ce grand homme, dont vous entreprenez la traduction françoiſe. Son Genie eſt ſi fort, ſes penſees ſi hautes, ſon éloquence ſi ſubtile, ſes raiſons ſi puiſſantes, & ſa doctrine ſi releuee, que ie croirois luy faire plus de tort de le mettre apres les Anciens, qu'aux Anciens meſmes de les comparer auec luy. Plus ie les conſidere tous, moins i'y treuue de difference, l'auantage n'eſt que du temps, & les plus excellents d'en-tr'eux ne ſe peuuent vanter de l'auoir precedé d'autre choſe. S'ils ont inuenté quelques cognoiſſances, il a eu de nouuelles penſees ; Et s'ils ont donné le premier eſtre à quelqu'vne des ſiennes, il a la gloire de les auoir reſſuſcitees, peut-eſtre plus glorieuſement qu'elles n'auoient esté produittes. Apres que les deux enfans de Theodose eurent fait la seconde diuision de l'Empire Romain, les Goths, les Vandales, & les Lombards, ennemis des arts & des lettres, les ayans par force chassees de leur propre pays, elles se retirerent aux nations estrangeres, & treuuerent vn accueil aussi fauorable parmy des Arabes, que leur mauuaise fortune en pouuoit esperer des hommes plus polis, tant la science & la vertu forçent l'inclination des plus barbares mesmes à leur vouloir du bien. Neantmoins dans ce grand desordre, & parmy toutes ces tempestes, ces belles cognoissances ne se pûrent si bien guarantir du naufrage, qu'il n'y en demeura quelqu'vne, dont nous n'auons memoire que par la relation de celles qui se sont sauuees, dans les escrits de ces grands hommes qui les possedoient toutes, desquels nous apprenons qu'ils auoient de leurs temps quelques methodes generales pour la solution des problemes Mathematiques qu'on proposoit alors. Mais depuis tant d'annees il ne s'estoit treuué personne, de quelque nation qu'il fust, qui pour vanger la querelle des Muses, & reparer leur perte, prist les armes en main, & qui voulut faire reuiure ce que la fureur de ce siecle auoit du tout esteint. Vn seul françois en deuoit emporter la gloire, & comme nostre nation auoit plusieurs fois triomphé de toutes les autres par les forces du corps, il estoit aussi raisonnable qu'elle les surpassast en celles de l'esprit. Monsieur Viete donc, il y à prés de quarante ans, inspiré de bien faire à la Posterité, plustost que poussé du desir de paroistre sçauant, inuenta ceste nouuelle Algebre, pour retirer la verité de ce puits si profond, dans lequel elle auoit esté si long-temps detenuë: Et comme vn Seigneur de Dannemarc faisoit voir à tout l'Vniuers par ses doctes escrits vne nouuelle estoille en la Cassiopee, & vn Comete engendré dans les Cieux, ce qu'on auoit iusques alors ignoré: Nostre diuin Autheur, jaloux de l'honneur de sa terre, fit aussi voir qu'en mesme temps elle auoit produict vn Soleil qui dissiperoit les tenebres qu'vne nuict de plus de mille ans auoit causé dans les Mathematiques. Si la difficulté de le faire voir en françois auoit iusqu'à present tenu ses belles lumieres cachees, il est à croire maintenant que ceste Lune estant passee, on n'aura plus d'Eclipse, & qu'on jouyra tout à l'ayse de ses plus clairs rayons, principalement ceux

qui

qui n'ont que des Lunettes de France, pour voir le Ciel & les Mathematiques. Et si l'on doit à Galilee la descouuerte de quelques Astres & taches ou corps au dessous du Soleil commun, beaucoup de François vous deuront les lumieres & les beautez qu'ils rencontreront dans le nostre. Ie dis dans les escrits de cet Autheur insigne, qui n'estoit à leurs yeux qu'vne petite estoille nebuleuse, & qu'ils ne pouuoient descouurir. Car quant à la traduction qui en a desia esté faite & publiee, puis que vous m'en demandez mon aduis, ie la compare aux feux follets qu'on voit de nuict sur les marais & sur les Cimetieres, & qui disparoissent au iour. Ce n'est pas que ceux qui n'auroient iamais veu de clarté, & qui auroient demeuré perpetuellement dans l'obscurité, d'abord n'estimassent beaucoup le feu de ces petits Meteores; mais au leuer d'vn beau Soleil ils les mespriseroient, & treuueroient autant de difference entre ces feux & ce grand Astre, qu'entre ces feux & leurs tenebres. Ils sont quelque chose de plus que la nuict, puis qu'ils ont vn estre réel, mais ils sont beaucoup moins que le Soleil, puis qu'ils ne sont que de ses plus petits effects, & de peu de duree. Ie ne doubte donc point que force gents n'ayent receu ceste traduction auec applaudissement, semblables à ceux que i'ay dit cy dessus, & ie sçay bien qu'il y en à dans Paris quinze vingts (si l'equation des fondateurs est en bonne Algebre suyuie) qui seroient extrémement obligez à qui leur dessilleroit les yeux, & leur feroit voir vne simple chandelle, Mais aussi ne doubtay-ie point qu'ils ne fussent d'auantage tenus à qui leur monstreroit ceste grande clarté, qui produict & fait voir toutes les merueilles du monde. Ainsi ie crois que ceux qui ne cognoissent Monsieur Viete que par l'oreille, & qui n'auoient point d'yeux pour contempler ses œuures, auront eu quelque obligation à l'Operateur qui leur a premierement abbatu la Cataracte, & fait voir les especes de sa belle doctrine, mais comme ils se seront apperçeus que l'Empyrique ne leur auoit donné la veuë qu'imparfaictement, & mesme que de son aiguille de fer il les auroit blessez, ie m'asseure qu'ils l'abandonneront, & qu'ils auront recours au Galenique pour la perfection de leur veuë, & pour la correction des remedes qui seruent à leur entiere guerison, parmy lesquels j'en cotterois vne douzaine de contraires, & beaucoup de mal ordonnez, si j'auois à parler à d'au-

c̄

tres qu'à vn Medecin, bien qu'il ne faille pas seulement estre Docteur de Reims pour voir les *qui pro quo*, ny Mathematicien de Balle pour cotter les deffauts de ceste traduction, comme vous m'obligez de faire. Et quoy que mon humeur se portast plus librement au Panegyrique qu'à la Satyre, & à l'Apologie qu'à la Censure, pour satisfaire neantmoins à vostre curiosité, & à la priere de nos amis, qui demandent mon aduis & mes sentiments là dessus ; Ie vous diray librement ce que i'en pense, plustost par recreation, auec ma franchise accoustumee, & pour l'honneur de Monsieur Viete, que par dessein de picotter celuy que ie ne vis iamais, non plus que deffunct Archimede, à qui ie suis pourtant tres-humble seruiteur. La Mode veut que lon commence à blasmer vn homme par ses loüanges, & il semble que dans la Cour on ne seroit pas reçeu à joüer, & reprendre quelqu'vn, si lon n'en auoit dit auparauant du bien, comme pour se rendre moins suspect, & partant plus croyable quant on vient au Mais, ou au Si : Mais parmy les hommes de liures on entre d'abord en matiere, & sans obseruer ces formalitez on va droict en besogne. Ainsi parle Aristote des Quadratures d'Hyppocrate, de Bryse, & d'Antiphon. Ainsi nostre Autheur mesme de Scaliger, de Romanus, & d'autres, sans s'arrester à ces Prefaces : Ie vous diray pourtant que ce braue homme qui le premier a fait voir en françois le Chef-d'œuure de Monsieur Viete, en auroit luy-mesme fait vn, si les Iurez n'y treuuoient ces deffauts. L'inutilité de ses Commentaires, la Rudesse de son langage, & les contradictions de ses pensees, & de celles de son Prototype. Pour les fautes de l'impression, on les peut excuser dans les liures, bien qu'elles accusent souuent les Autheurs de negligence ou d'incapacité.

La cause du premier deffaut procede, selon mon aduis, d'vne certaine demangeison d'escrire, qui s'est renduë aussi cómune maintenant, que les aduocats & les carrosses, & beaucoup de gens aujourd'huy ne croyroient pas estre honnestes hommes s'ils n'auoient fait vn liure, d'où vient que la plufpart n'ayants ny raisons ny veritez à dire, noircissent le papier de Romans & de fables, tant la facilité de l'impression a causé de desordres ; les vns à qui l'estude ou la nature manque, & qui ne peuuent inuenter, desrobent laschement les inuentions des autres, & s'ils les peuuent desguiser ou prendre en des

lieux si secrets, qu'on ne s'en apperçoiue point, ils les veulent faire
passer pour leurs, & se les approprient, mais en effect la pluspart des
liures nouueaux ne font que des redittes, & mauuaises coppies des
vieux, principalement quand ils traictent d'vn mesme sujet. Les autres mieux sensez, cognoissants qu'il est mal aisé de mieux faire que
beaucoup de choses desia faites, se contentent de les refaire d'autre
matiere, & les habiller à la mode, j'entends de les traduire d'vne
langue en vne autre, pour l'auantage & la facilité de ceux qui n'ont
que celle de leur mere. D'autres pour faire voir qu'ils entendent ce
qu'ils traduisent, aussi bien, ou mieux que celuy qui l'a fait, y font des
Commentaires, & comme s'il y auoit de la honte d'estre le truche-
ment ou l'Echo simple d'vn habille homme, ils y veulent adjouster
quelque chose du leur, tant aujourd'huy l'amour de soy-mesme, &
le desir de paroistre sçauant possede les esprits; Mais en effect, si
vous y prenez garde, la pluspart des Commentateurs ne disent autre chose que leur texte, ou s'ils vont plus auant, ils font le mestier
de deuins: Et ie m'estonne qu'il n'y ayt des arrests contr'eux, aussi
bien qu'il y à des Loix & des Canons contre tous les autres, & mesme encore plus rigoureux, puis que ceux-cy ne jugent que des
actions; & ceux-là bien souuent veulent deuiner les pensees. I'ay
souuent pris plaisir aux additions & Commentaires que de bons esprits pourtant ont fait sur l'vn de nos Poëtes, qu'ils font parler Grec
& Latin à tout propos, & veulent faire croire que par telles paroles
il sous-entendoit telle chose, à laquelle peut-estre il ne pensa iamais. Il faut pour commenter vn liure auoir du moins comme vn
esprit commun, auec l'esprit de l'inuenteur, le mot mesme l'em-
porte, ou qui plus est, il semble qu'il faille l'auoir meilleur, & estre
plus habille & sçauant que luy, pour suppléer à ses deffauts, prouuer
ce qu'il a ignoré, & esclaircir les difficultez qu'il a laissé dans ses escrits, tout Commentaire qui fait autre chose & qui ne fait point, cela doit estre rejetté comme inutile & vitieux: S'il est ainsi, comme
sans doubte il est, jugez de combien la pluspart des liures sont trop
gros. Ce discours se grossiroit aussi bien tost, & me porteroit à descouurir la cause de tant d'heresies & d'opinions diuerses, & moins
necessaires que curieuses sur vn mesme sujet, si ie ne craignois aussi
de dire force choses plus curieuses que necessaires. Ie reuiens donc

à mon deſſein, le Commentateur du liure que vous m'auez enuoyé n'ayant pas (ſelon mon aduis) les qualitez qu'il faut pour adjouſter quelque choſe aux eſcrits de ce grand perſonnage, n'a pû s'aquitter auſſi dignement de ceſte commiſſion que l'affaire le meritoit ; & ie ne croy pas que luy, ny pas vn, au moins de ceux qui ſont en noſtre cognoiſſance, voulut tant preſumer de ſoy, que de croire que Mr. Viete euſt beſoin de leur ayde pour ſes demonſtrations, de leur eloquence pour eſtre eſcouté, ny de leur facilité pour eſtre entendu. Bien eſt vray que ceux qui n'auront veu que des memoires Mathematiques, & qui n'auront deſchiré la quantité que par lambeaux, n'entendront pas facilement ceſte belle doctrine, dont les ſeuls termes leur ſeront incognus, mais auſſi prenez garde qu'elle n'eſt point faite pour eux, & que ce grand homme a voulu releuer autant ſon ſtyle & ſa façon d'eſcrire par deſſus la commune, que ſon ſujet eſt releué par deſſus les communs, affin de cacher (à l'imitation d'Ariſtote) ſes belles & rares penſees, à ceux que l'ignorance ou la pareſſe d'eſtudier en rendroit incapables, n'eſcriuant que pour des Alexandres qui puſſent eux-meſmes deſlier les nœuds de toutes les difficultez. Il y à de certains degrez dans les ſciences, auſſi bien que dans les maiſons, affin qu'on n'entre pas dans les chambres par les feneſtres. Et qui voudroit eſtre Philoſophe ſans Logique, & Theologien ſans Philoſophie, auroit auſſi bonne raiſon que ceux qui voudroient parfaitement entendre Monſieur Viete, ſans auoir iamais ouy parler de Geometrie, ny d'Algebre.

Il ne faut pas ignorer l'ancienne doctrine, pour eſtre capable d'apprendre celle-cy, qui n'eſt qu'vn nouueau baſtiment, compoſé de la ſymmetrie & des materiaux de l'autre, mais diſpoſez d'autre maniere, & qui conſtituë vn ordre autant releué par deſſus tous les autres, que le plus accomply par deſſus le ruſtique. De ſorte que l'Algebre des meilleurs Autheurs tient ſeulement le milieu entre celle de Monſieur Viete, & la plus ſimple Arithmetique de Tranchant, ou de Taille-fer.

Il ne falloit donc pas rabaiſſer ceſte ſcience au point de la vouloir rendre intelligible à toutes ſortes de perſonnes indifferemmét, par autre voye que par elle-meſme, quand meſme on l'auroit pû, puis que ce n'eſtoit pas l'intention de l'Autheur, & que pour cet ef-

feƐ il s'eſtoit ſeruy d'vne façon d'eſcrire toute graue & ſçauante, eſ-
gallement remplie d'eloquence & de netteté, pour ceux qui ne la
pouuants entendre à la deux ou troiſieſme fois, la liroient vne dix
ou douzieſme. Si bien que d'y vouloir adjouſter quelque choſe, c'eſt
accuſer l'Autheur de quelque deffaut, ou vouloir apporter de la grace aux graces meſmes, & retoucher apres Apelles ce parfait tableau
de Venus. Ie ne vous conſeille donc pas de penſer ſeulement à mettre rien du voſtre, puis que l'Autheur meſme n'a pas jugé neceſſaire
d'en dire d'auantage que ce qu'il a laiſſé, pour la parfaite intelligence de ſon art. Et puis que vous voulez eſtre l'interprete, & le truche-
ment d'vn françois, par le françois meſme, ne vous ſeruez point (s'il
ſe peut) de termes eſtrangers & barbares, & ce que Monſieur Viete
a dit de bonne grace en grec, taſchez de le mettre en françois le
plus ſignificatiuement que faire ſe pourra. Sur tout ny laiſſez point
de mots ny d'eſcriture que les ſimples françois pour qui vous tra-
uaillez ne puiſſent au moins lire, comme a fait en pluſieurs endroit
celuy qui vous a deuancé, outre quantité de paroles qui reſſentent
pluſtoſt la traduction d'vn Flamant, ou d'vn Anglois, que d'vn homme de France. *le Syntheſe*, *le Poriſtique*, des maſculins au lieu de
feminins, *l'Analytique*, pour l'Analyſe, *le Logiſtique numerique*,
& quaſi par tout le nom du ſçauant, & de l'artiſte, pour celuy de la
ſcience & de l'art, *la comprehenſion du Requis*, *les grandeurs ad-*
ſcitices, *qui aſcendent*, *tranſmuter*, *examplifier*, *matiere ardue*,
formule, *profondité*, *Algebretique*, *le vocable*, *ſagacité*, *ingenioſité*
de l'eſprit, *cogitans*, & quantité d'autres ſemblables, ſans parler de
l'Hypobibaſme, *du Paraboliſme*, *du Plaſmate*, *Syncriſe*, *& Epana-*
phore, m'ont quaſi donné la migraine ; Et ie ne penſe pas que ceux
qui les liront ſans les entendre, ne faſſent des ſignes de Croix pour
chaſſer les eſprits qu'ils croiront auoir inuoquez par ces mots incognus. Et voyla le ſecond deffaut que i'ay remarqué dans ce liure, qui
pourtant eſt commun à beaucoup d'eſcriuains. Le troiſieſme eſtant
plus particulier, eſt auſſi bien plus grand. Ce ſont des differences de
la traduction, & de l'original, & bien ſouuent des contrarietez meſmes, dont ie ſuis encore eſtonné, ne pouuant comprendre pourquoy
ny comment vn homme ſe veut donner la peine de traduire vn liure, ſans poſſeder entierement la langue & la ſcience : ou s'il l'en-

ē iij

tend, ce que ie veus croire de voſtre traducteur, l'eſtimant plus ca-
p able de la demonſtration & reſolution d'vn probleme, que de la
tr aduction d'vn liure, à ce que ie peux conjecturer de ce qu'il y a
Imis du ſien. Ie m'eſtonne comme il oſe changer le ſens, & corriger
es preceptes de ſon Autheur, ſans en auoir eu ſon approbation.

Car il faut de neceſſité qu'il aduoüe l'vne de ces fautes pour s'ex-
cuſer de l'autre ; & pour moy ie ne ſçay laquelle luy ſeroit plus
auantageuſe, ou la confeſſion de ſes manquements, ou la preſom-
ption de corriger ceux de Monſieur Viete. Mais affin que lon ne
croye pas que ie vueille exagerer de petites fautes, voicy la ſimple
verité qui paroiſtra par la conference de l'original, & de la traduction.

Au chap. 1. Monſieur Viete dit, *& quanquam veteres duplicem
tantum propoſuerunt Analyticem, &c. conſtitui tamen etiam ter-
tiam ſpeciem, quæ dicatur ρητικὴ ἢ ἐξηγητικὴ, conſentaneum eſt. vt
ſit, Zetetice, quâ inuenitur æqualitas, &c. Poriſtice, quâ veritas exa-
minatur &c. Exegetice, quâ magnitudo exibetur &c.*

Et le traducteur luy a fait dire, *Et bien que les Anciens ayent ſeulement propoſé deux eſpeces d'Analytique, &c. I'en ay toutesfois conſti-
tué vne troiſieſme eſpece, conuenable à icelles, laquelle ſera dite ρητικὴ ἢ
ἐξηγητικὴ, comme eſtant le Zetetique celuy par lequel eſt trouué &c.*

Où vous remarquerez vne faute de Grammaire bien grande,
d'auoir pris l'infinitif *Conſtitui* pour vn preterit, & par conſequent
d'auoir alteré le ſens de l'Autheur, qui ne s'attribuë pas ce que le
traducteur luy dõne. Quelques ablatifs que vous trouuerez tãtoſt
pris pour nominatifs, & d'autres elegances latines mal traduictes,
me feroiét quaſi croire qu'il y à de la differéce entre Vaulezard &
Varron. Au reſte, ie laiſſe à iuger ſi ces paroles *vt ſit Zetetice, quâ
inuenitur &c.* ſont bien traduictes par celles-cy. *Comme eſtant le
Zetetique celuy par lequel eſt trouuee l'egalité,* & ſi elles ne ſeroient
pas mieux ſelon le ſens de l'Autheur en ceſte ſorte, *affin qu'on ayt
la Zetetique, par laquelle on trouue l'egalité &c. la Poriſtique par laquelle &c. & l'Exegetique par laquelle &c.* & meſme ſi tout le
monde eſtoit de mon opinion, on ne laiſſeroit point de mots cognus & vulgaires, pour en prendre d'eſtrangers, & lon diroit recherche, examen, & explication, ou quelques autres, s'il ſ'en pouuoit

trouuer de plus significatifs, au lieu de Zetetique, Poristique, & Exegetique ; comme aussi Resolution & Composition, au lieu d'Analyse & Synthese, puis que l'on veut parler françois & en termes cognus à ceux qui ne sçauent latin ny grec, autrement il est necessaire d'auoir souuent vne seconde traduction pour expliquer encore la premiere; Ce qu'on pourroit si me semble esuiter, en prenant peine de rechercher les mots plus propres & significatifs, qui s'authoriseroient à la fin aussi bien, ou mieux que les autres. Mais la corruption est telle aujourd'huy, que beaucoup ne croiroient pas estre, ny passer pour sçauants, s'ils ne disoient des mots qu'eux-mesmes ny d'autres n'entendent point, non plus que les freres de la Pharmacie auec leurs termes excoriez de la Medecine, & nos femmes Coquettes auec l'Analogie & l'Antiperistase, qu'elles ayment mieux dire & mal prononcer, que proportion & contre-resistance. Ie laisse donc là ces excoriateurs de langue latiale, pour reuenir au mien.

Le reste de ce premier chap. n'est du tout point conforme au sens de M. Viete, qui dit. *Ac quod ad Zeteticem quidem attinet, instituitur arte Logicâ per Syllogismos & Enthymemata, quorum firmamenta sunt ea ipsa quibus æqualitates & proportiones concluduntur Symbola, tam ex communibus deriuanda notionibus, quam ordinandis vi ipsius Analyseos Theorematis.* & le traducteur. *Et certes aussi le Zetetique à cela de propre, qu'il est institué selon les preceptes de la Logique, par Syllogismes & Enthymemes, desquels les fondements sont tant les mesmes, que ceux par lesquels au symbole sont concluës les egalitez & proportions que ceux qui doiuent estre tirez des communes notions.* Ou vous remarquerez, outre le galimatias perpetuel, qu'il a mesme oublié ces paroles, *quam ordinandis vi ipsius Analyseos Theorematis,* & partant que le sens ny peut estre entier & parfaict, selon l'intention de l'Autheur, qui dit en suitte. *forma autem Zetesim ineundi, ex arte propria est, non tam in numeris suam Logicam exercente, quæ fuit oscitatia veterum Analystarum, sed per Logisticem sub specie &c.* le traducteur, *la forme de commencer le Zetetique est par l'art propre, non pas en exerçant la Logique par les nombres, qui est la cause du peu de fruict que l'on tire des Analytiques des anciens.* en quoy vous remarquerez la grande difference du latin & du françois, & s'il y à Calepin qui puisse dire que *Oscitantia veterum Analystarum,* signifie le peu de fruict que lon tire des *Analytiques des anciens.* Pour moy j'aduouë que hors le mot des *Anciens,* ie n'en trouue pas vn des autres qui se rapporte au latin. Mais j'aurois plustost fait de dire tout d'vn coup, que ceste traduction n'est qu'vne faute continuée, que de continuër à monstrer les particulieres, & la condemner tout à fait, sans excepter mesme le tiltre, où le sieur traducteur pour toutes les qualitez d'vn Conseiller d'Estat, & Maistre des Requestes, comme estoit son Autheur, il l'appelle seulement François Viete, comme s'il parloit d'vn Pedant.

Au chap. 2. Mr. Viete dit, *totum suis partibus æquari,* & le traducteur, *le tout est plus grand que sa partie,* qui sont deux choses toutes contraires en cet endroict, bien qu'elles soient toutes deux vrayes; Car s'il eust consideré le dessein de l'Autheur, il eust veu qu'en Algebre on ne cognoist le tout que par l'egalité des parties, & qu'on n'a pas besoin de ceste commune sentence, mais seulement de l'autre. Au mesme chap. nomb. 13. Mr. Viete dit, *facta sub singulis segmentis æquari facto sub tota,* le traducteur, *les rectangles ou produits faits sous vne grandeur, & les parties d'vn tout; sont egaux au rectangle sous ceste mesme grandeur, & le tout.* Ceste traduction, à la verité, ne semble pecher que par excés de bonté, & pour dire plus que Mr. Viete n'a dit, & jugé necessaire de dire: Mais comme j'ay fait voir cy dessus, c'est accuser vn Autheur d'obmission, ou d'obscurité, que d'alterer son sens, & d'adjouster à ses paroles: Ce qu'on ne peut faire à celuy-cy sans blesser sa memoire, & faire vn tort insigne à sa reputation, outre que la proposition de Mr. Viete est plus vniuerselle que celle du traducteur, qui ne peut conuenir qu'aux plans. Il y à bien d'autres superfluitez dans ce chap. dont ie ne parle pas, comme d'auoir mis au commencement, *lesquelles l'Analytique tire des Elements d'Euclide,* au lieu que l'Autheur dit seulement, *quæ habentur in Elementis.* & à la fin, *constitution des egalitez,* pour *constitutio aequalitatis.* Car ie n'aurois iamais fait si ie voulois estre exact & rude censeur de toute ceste traduction, comme pourtant la matiere le requeroit, si i'en auois plus de loisir, puis qu'en Mathematique on ne laisse rien passer d'equiuoque, ny de doubteux.

Au chap. 3. *Nam quae sunt heterogenea, quomodo inter se adfecta*

fecta sint, cognosci non potest. le traducteur a dit, *Car les choses heter-o-genes, en quelque façon qu'elles soient affectées entr'elles, ne peuuent estre cogneuës,* ce qui n'est pas selon le sens de l'Autheur, bien qu'il ne soit pas contre, & affin qu'ils fussent conformes, il faudroit que Monsieur Viete eust dit, *Nam quæ sunt heterogenea, quomodocumque inter se adfecta sint, cognosci non possunt.* mais ce n'estoit pas son in-tention, ains seulement de rendre raison pourquoy les choses he-terogenes ne pouuoient estre comparées comme les homogenes dont il venoit de parler, laquelle raison est tirée de ce qu'on ne peut cognoistre l'adfection des choses heterogenes. Il falloit donc ainsi traduire conformément à l'intention de l'Autheur, *les choses homogenes ou de semblable nature soient comparées aux homogenes. Car les heterogenes ou de differente nature ne sçauroient estre comparées, at-tendu qu'on ne peut cognoistre comment elles sont adfectées entr'elles.* peu apres l'Autheur dit, *quibus non attendisse causa fuit multa caliginis, & cæcutiei veterum Analystarum.* & le traducteur dit, *La cause de l'obscurité des Analytiques des anciens est, qu'ils n'ont aucunement pris garde à ces genres, & n'ont entendu ces choses,* au lieu de dire, *pour n'auoir pas pris garde à ces choses, les anciens Analystes ont esté beau-coup moins clair-voyants,* ou en d'autres termes aprochants, sans par-ler ny d'obscurité, ny d'analytiques, car le latin ne signifie l'vn ne l'autre. Au mesme chap. nomb. 9. Monsieur Viete dit, *Pura est pote-stas, cum adfectione vacat. Adfecta cui homogeneum sub parodico ad potestatem gradu, & adscitacoefficiente magnitudine immiscetur.* & le traducteur, *la puissance est pure lors qu'elle est exempte d'affection affe-ctée, quand à icelle est meslé l'homogene fait sous le degré parodique à icelle, & vne grandeur adscitice coefficiente.* Ceste faute se doit, sans doubte, reietter sur l'Imprimeur, car ie veux croire que le tradu-cteur n'est pas capable d'en faire vne si grosse: neantmoins parc. qu'elle ressemble à celle qui fit perdre le Chasteau de Martin, pour n'auoir pas mis le poinct ou il falloit, ie l'ay voulue cotter, outre que l'equiuoque est de fort grande consequence, ne faisant qu'vne seule definition des deux de M. Viete. Il faut donc mettre vn gros poinct deuant *Affectée.* Ie ne parle point des autres moindres fau-tes qui sont dans ce chapitre, ny de ce que le traducteur met en let-tre Romaine beaucoup de choses de l'Autheur, bien qu'il eust aduerty le lecteur que tout ce qu'on trouueroit en lettre Italiennè estoit de Monsieur Viete, & tout ce qui seroit en lettre Romaine du sien: en quoy ie trouue qu'il a tort de s'attribuer ce qui est à autruy, & de faire passer le texte pour la glose. Il a commis la mesme faute au chap.3. ès pages 40. 41. 44. & 45. qui sont quasi toutes entieres de l'autheur, neantmoins imprimées comme les Commentaires, & deguisées, & mises par tables autrement qu'elles n'estoient dans l'original.

Au chap. 4. *de præceptis logistices speciosæ.* le traducteur dit, *des preceptes du logistique specifique.* Monsieur Viete, *logistice numerosa est, &c.* le traducteur, *le logistique numerique est celuy qui est exhibé, &c.* Ie ne sçay de quel pays il est, pour aymer tant les masculins & les mots *de numerique & de specifique,* au lieu desquels, mon sentiment seroit qu'on dit, la logistique chiffrée, & la logistique figurée, puis que l'vn & l'autre est significatif & françois, neantmoins beaucoup de braues gents se seruent aujourd'huy du mot de *specieuse,* bien qu'il soit equiuoque & plus estranger. Monsieur Viete apres auoir definy l'vne & l'autre logistique dit, *logistices speciosæ canonica præcepta sunt quatuor vt numerosæ,* mais le traducteur la du tout obmis, ne l'ayant par auanture pas iugé necessaire, bien qu'il le soit entierement pour la liaison & intelligence de ce qui suit apres. Comme aussi dans le second precepte apres ces paroles, *mais si elles ascendent par l'eschelle proposée, ou qu'elles participent en genres auec les ascendans d'icelles, elles seront notées de la denomination qui leur conuiendra.* Il falloit adiouster celles-cy, *veluti dicetur A quadratum minus B plano, vel A cubus minus B solido & similiter in reliquis,* que le traducteur a obmis. Il a commis la mesme faute, & bien plus grande encore au precepte 4. qui est la 42. pag. de son liure, lig.2. où il dit, *les plus esleuées en genres doiuent estre appliquées aux plus abaissées, les grandeurs proposées sont heterogenes,* & Monsieur Viete, *Altiores autem depressioribus applicantur, homogenea heterogeneis, sunt quæ proponuntur magnitudines heterogeneæ,* où vous remarquerez que ces deux mots, *homogenea heterogeneis,* ne sont point dans la traduction, non plus que tous ceux qui suyuét, & qui deuroient estre en la 6. ligne, apres, *commodément faite. Sed & ipsæ magnitudines denominabuntur à suis in quibus hæserunt, vel ad quos in proportionalium scala, vel homogenearum deuecta sunt gradibus,* & ie veux croire que ceste faute comme beaucoup d'autres est faite par mesgarde, neantmoins elle est de telle consequence, que l'Autheur en est responsable, puis que ie sens en est extrémement defectueux, car on ne peut nier que ces paroles faisans vne partie du precepte, n'y soient absolument necessaires. Il n'est donc pas possible d'excuser en cela vostre traducteur, quelque fauorable qu'on puisse estre, autrement il n'y aura iamais de coulpables que les Compositeurs, ou les caracteres mesmes qui auront fait les fautes & les heresies. Sur la fin du mesme chapitre, le traducteur change toutes les operations & les figures de Mõsieur Viete, y adjoustant & diminuant, comme s'il en auoit procuration: Mais parce qu'il seroit trop long d'en faire le rapport en particulier, ie me contenteray de l'auoir indiqué: Ceux qui voudront collationer la coppie à l'original, treuueront ce que i'en ay dit. Ie ne parle point aussi de ceste traduction, *subductis sigillatim, soustractes ensemblement.* pag. 36. *Ortiua erit, La longueur de l'application sera,* pag. 49. Car peut estre il y à de nouueaux dictionaires qui l'expliquent ainsi.

Le chap. 5. est assez bien traduict, neantmoins au 8. nombre l'Autheur dit, *vná cum ipsá, quæ cum gradu coëfficit adscititiá magnitudine,* & le traducteur, *ensemble ceste grandeur laquelle auec le degré fait l'adscetice ou l'ablatif adscititiá magnitudine,* ne se rapporte pas au françois. & sur la fin, *eam vero tanquam per numeros, non etiã per species quibus tamen vsus est, institutam exhibit, quô sua esset magis admirationi subtilitas & solertia,* le traducteur, *mais comme il a donné son institut par les nombres, & non par especes, desquelles toutesfois il s'est seruy, c'est en quoy la subtilité & ingeniosité de son esprit est grandement à admirer,* au lieu de dire que Diophante s'estoit seruy des nombres pour faire d'auantage admirer sa subtilité; mais ces deux fautes ne sont pas si importantes qu'elles ne se puissent excuser par la bonté du reste de ce chapitre, puis qu'il faut dire toutes les veritez, & ie crois que ce traducteur reüssiroit mieux en demõstratiõ, & en pure Mathematique, s'il y vouloit prêdre la peine necessaire, qu'il n'a fait en la traductiõ de ceste piece, qui est en effect bien subtile & metaphysique, & qui demanderoit estre leuë & releuë cer-

fois, auant que d'eſtre donnée au public auſſi parfaictement en françois, que l'Autheur l'a laiſſée en latin.

Le chap. 6. bien que le plus petit n'a pas les meindres fautes, dont ie n'en cotteray que deux, tant i'ay haſte de voir la fin. Monſieur Viete dit, *Perfecta Zeteſi, confert ſe ab hypotheſi ad Theſim Analyſta*, & le traducteur. *La parfaite Analitique du Zeteſe eſt celle qui ſe confere de l'hypotheſe à la theſe*, vous remarquerez, s'il vous plaiſt, que cet erreur eſt de tres-grande conſequence, & que le traducteur fait vne definition de la *parfaite Analytique du Zeteſe*, à laquelle iamais ſon Autheur ne penſa, comme n'eſtant qu'vn eſtre de raiſon & vne chimere, qui n'a de ſubſiſtāce qu'en l'eſprit qui ſe l'imagine, & partant il corrompt extremément le ſens & les preceptes de Monſieur Viete, puis qu'il luy fait dire autre choſe que ce qu'il à deſſein de dire. Ceſte faute procede d'vne mauuaiſe cōſtruction du latin, que le traducteur a fait en prenant *Analyſta* pour *Analytice*, & des cas les vns pour les autres, *perfecta Zeteſi*, pour vn nominatif & pour vn genitif. Car affin que la traduction fuſt bonne, il faudroit dire, *perfecta Zeteſeos Analytice, illa eſt quæ ſe confert ab hypotheſi ad Theſim*, au lieu de *Perfecta Zeteſi, Analyſta confert ſe ab hypotheſi ad theſim*, qui ſont deux choſes auſſi diſſemblables que de dire, à la priſe de Syracuſe, Archimede fut tué par vn ſoldat, ou bien à la priſe de Syracuſe par Archimede, vn ſoldat fut tué, encore la difference ny la tranſpoſition n'eſt-elle pas ſi grande qu'entre les paroles de Mōſieur Viete & celles de ſon traducteur, qui prendra garde à l'aduenir aux accents circumflexes qu'on met deſſus les ablatifs, & i'eſpere que dans la ſeconde impreſſion de ſon liure on verra, *la Zeteſe ou recherche eſtant paracheuée, l'Analyſte paſſe de l'hypotheſe à la theſe*, ou mieux encore, s'il ſe peut, dont ie ſeray tres-ayſe : l'autre faute de ce chap. eſt en ces paroles. *Atque idcirco repetuntur Analyſeos veſtigia, quod & ipſum Analyticum eſt, neque propter inductam ſub ſpecie logiſticem iam negocioſum. Lors les veſtiges de l'Analytique ſont repetez, ce qui eſt la meſme Analytique, non toutesfois à cauſe de ce qui eſt conclud du Logiſtice ſous les eſpeces.* Pour moy i'aduoüe n'auoir pas de ſens commun, ſi quelqu'autre en peut trouuer vn raiſonnable dans ces paroles : car apres les auoir leuës & releuës, ie n'en ay pû conclure autre chofe, finon qu'elles ne concluoient rien ; & de faict, le moyen qu'elles puiffent conclure eftants fi differentes du latin, lequel ie vous fupplie de conferer encore vn coup auec la traduction. Monfieur Viete dit, *neque propter inductam fub fpecie logifticem, iam negociofum,* le traducteur, *non toutesfois à caufe de ce qui eft conclud du logiftice fous les efpeces,* ô la grande patience qu'il faut auoir pour trouuer le bout de ces fautes, à moins que l'intereft de Monfieur Viete & du public, ie finirois icy. Mais paffons outre.

Ie croy que i'aurois pluftoft fait, & ferois plus veritable en difant, que tout le chap. 7. n'eft qu'vne feule faute, qu'en affeurant qu'il en contient plufieurs. Neantmoins affin qu'on ne iuge pas le procés fur l'etiquette, voicy le latin. *Ordinata æquatione magnitudinis de quâ quæritur,* ῥητικὴ ἢ ἐξηγητικὴ *(qua reliqua pars Analytices cenfenda eft, ea quæ potiffimum ad artis ordinationem pertinere, cum reliquæ duæ, exemplorum fint potius quam præceptorum, vt logicis iure concedendum eft) fuum exercet officium, tam circa numeros, fi de magnitudine numero explicanda quæftio eft, quam circa longitudines, fuperficies, corporáue, fi magnitudinem re ipfa exhiberi oporteat:* bien que tout ce difcours foit obfcur en apparence, il eft pourtant fort intelligible, en fequeftrant la parenthefe : neantmoins le traducteur en a fi peu conçeu le fens, qu'il n'en donne pas vn mot de conforme, ie ne dis pas au latin, mais feulement à la moindre penfee dont on puiffe tirer quelque bonne confequence : en voicy les paroles, *l'explication de la grandeur requife par l'equation ordonnée,* ῥητικὴ ἢ ἐξηγητικὴ, *laquelle eft la partie reftante de l'Analytique, fera cenfé appartenir principalement à l'ordonnance de l'art, les deux reftantes eftant pluftoft exemples que preceptes, ou chofes pluftoft concedées par le droit de la logique, que par le moyen des lignes fuperficies ou corps, bien qu'il faille que la grandeur foit exhibée par la mefme chofe.* Iugez maintenant s'il eft poffible de comprendre par ce françois ce que veut dire Monfieur Viete, & fi ceux qui ne le cognoiftroient que par là, n'auroient pas vn iufte fujet de le mefprifer auec fa fcience nouuelle, & mefme de l'accufer d'ignorance & d'obfcurité, puis qu'il ne fe peut faire entendre, & qu'il ne parle que galimatias. La fuitte eft bien encore plus plaifante. *Et hîc fe præbet Geometram, Analyfta, opus verum efficiundo &c. illic logiftam, poteftates quafcumque refoluendo &c.* le traducteur dit, *icy le*

geometre s'eſtend en accompliſſant l'œuure par l'Analytique, apres la reſolution d'vn autre ſemblable au vray. là en reſoluãt par le nombre quelſ-
conques puiſſances. Ceux qui conſidereront ces paroles croiront vo-
lontiers qu'il n'a point eu d'autre deſſein que de ſe moquer de l'Imprimeur, de nous, ou de Monſieur Viete, car elles n'ont aucun rapport auec les latines. Celles qui ſuiuent ſont encore auſſi bonnes, *Et
verò non omnis effectio Geometrica concinna eſt:mais toutes les effections
n'ont eſté redigées,* & ſur la fin, *deinde logiſtis auxiliaturus de proportione
vel æqualitate in eo adgniſtà concipit & demonſtrat theorema. En apres
par le moyen du logiſtice il conçoit.* Ie n'en ſçaurois dire d'auantage
tant ie commence à m'en laſſer, toutesfois il faut paracheuer, puis
qu'il ne reſte qu'vn chapitre, mais ie prie Dieu qu'il ſoit ſans fautes
pour eſtre quitte de ma promeſſe, & exempt de la peine que i'au-
ray de m'en acquiter en les reprenant, ſi i'en trouue.

Au chap.8.nomb.8.Monſieur Viete dit, *Subgradualis metiens eſt
homogenei, adfectionis, gradus ipſe menſura.* Voyons comme dira noſtre homme, *le ſubgraduel meſure l'homogene d'affection par vn degré
parodique,* paſſe, ſi vous voulez; cherchons-en d'autres. nomb. 10.
*primus ad poteſtatem parodicus gradus eſt radix de quà quæritur. Extre-
mus, is qui vno ſcala gradu inferior eſt poteſtate,* le traducteur, *le premier
degré parodique à la puiſſance eſt la racine dont eſt queſtion, & eſt le plus
inferieur & reculé de la puiſſance entre tous les degrez.* Ie remarque en
ceſte verſion vne faute que le traducteur a deſia pluſieurs fois com-
miſe, qui eſt de conjoindre enſemble des choſes diuiſees, & au lieu
de deux definitions n'en faire qu'vne ſeule. Erreur de grande conſequence, & qui ne ſe peut pardonner au Mathematicien, non plus
qu'au Philoſophe qui diroit, *l'homme eſt vn animal raiſonnable & beſte brute ſans raiſon,* & ceſte definition n'eſt point plus contraire à ſoy
meſme que la precedente,ſi vous y prenez garde; car ſi vous adjou-
ſtez ſeulement icy, *la,* deuant *beſte,* tout ſera reparé, & la diuiſion
faite. Mais en la precedente vous ne ſçauriez ſuppléer au deffaut,
quelque addition que vous y puiſſiez faire. Il la faut donc toute
changer, & dire, *le premier degré parodique à la puiſſance, eſt la racine
dont eſt queſtion, & le dernier eſt celuy qui eſt inferieur, &c.* ainſi l'on fera
deux énonciations, & l'on n'attribuera point au *premier degré* ce qui
doit eſtre attribué à l'autre, comme fait la traduction. Ie m'apperçoy

qu'il y aura bien d'autres fautes au reſte de ce chap. C'eſt pourquoy ie me contenteray de les rapporter ſans raiſonner deſſus, en laiſſant tirer le iugement à chacun. Au nomb.11. Monſieur Viete dit, *parodicus ad poteſtatem gradus parodici eſt reciprocus, cum alterius in alterum ductu poteſtas ſit. Sic adſcititia eius gradus quem ſuſtinet eſt reciproca,* & le traducteur, *le degré parodique eſt reciproque au parodique, lors que leur produit eſt la meſme puiſſance à laquelle ils ſont parodiques,* pour les paroles. *Sic adſcititia eius gradus quem ſuſtinet eſt reciproca,* elles ſont oubliees & demeurees ſous la plume, parce que peut-eſtre elles ſont inutiles, comme auſſi vne fois *quarré* dans le 15. nomb. au 23. Monſieur Viete dit, *Ad Exegeticem, in Arithmeticis inſtruitur Analyſta edoctus,* le traducteur, *le docte en l'analytique ſera inſtruit pour l'exegetique és choſes Arithmetiques.* Ie ne rapporte pas ceſte verſion comme vne grande faute, mais ſeulement pour en faire voir d'autres qui ſont apres, dont le ſens deſpend de cecy, car Monſieur Viete en continuant ce qu'il faut que l'Analyſte ſçache & faſſe, dit au nomb. 24. *ad exegeticem in Geometricis ſeligit &c.* ſous-entendant touſiours *Analyſta,* & au 25. il dit, *ad cubos, & quadrato quadrata, poſtulat, vt quaſi geometrià ſuppleatur Geometriæ defectus,* mais le traducteur ne ſe ſouciant nullement du ſens, ny de la ſuitte de ces paroles, en a fait ainſi la verſion, *donnant ouuerture aux cubes & quarrez quarrez, comme ſuppléant preſque à la geometrie en ce qu'elle deſfaut,* paroles qui n'ont aucune ſignification ny liaiſon auec les precedentes, ny rapport à celles de Monſieur Viete *quibus non attendiſſe cauſa fuit multæ caliginis & cæcutiei* du nouueau traducteur, comme nous auons dit des anciens Analyſtes. Ce qui ſuit le prouue encores mieux, *à quouis puncto ad duas quaſvis lineas rectam ducere interceptam ab iis præfinito quocumque poſſibili inter ſegmento,* & la verſion. *Il eſt poſſible de quelque point donné mener vne ligne droicte, de laquelle le ſegment compris entre deux autres lignes données ſoit donné,* le vice de ceſte traduction, c'eſt de n'auoir pas lié ces paroles auec les precedentes, & d'en auoir fait vn probleme particulier, au lieu que Monſieur Viete le refere au verbe *poſtulat,* & l'allegue comme vne demande ou choſe, qu'il veut que l'Analyſte ſçache. Il en faut donc retrancher *il eſt poſſible.* Pour la confirmation de cecy, voicy ce qu'adjouſte l'autheur, *hoc conceſſo (eſt autem ἄτημα non δυσμήχανον) fame-*

ſiorà, que hactenus ἄλογα dicta fuere, problemata ſoluit ἐπιχυῶς, meſo-
graphicum &c. Ce que le traducteur a mis en ceſte ſorte. *Cecy eſt*
vne conceſſion tres-fameuſe, mais elle eſt ſeulement ἄιτημα *demande &*
δυσμήϰατεν *de difficile inuention, laquelle iuſques à preſent a eſté dite*
ἄλογα *ſans raiſon ; elle ſolut* ἐπιχυῶς *artificiellement le probleme meſo-*
graphic, &c. où vous remarquerez qu'il n'y à pas vn mot qui ne porte ſa faute, & que de toutes celles que i'ay cotté cy deſſus, il n'y en à
pas vne qui ne ſoit moindre que celles-cy, ſelon mon iugement: car
premierement ce que l'Autheur nie, le traducteur l'aſſeure ; & ce
que celuy-là rapporte à vne choſe, celuy-cy l'applique à vne autre,
d'où s'enſuit la plus grande confuſion, & le plus veritable coq à l'aſ-
ne qu'on ſçauroit iamais faire. Monſieur Viete dit, que cela eſtant
concedé (qui eſt vne demande, & non difficile à conſtruire) l'Analyſte reſoult ſubtilement les plus fameux problemes qu'on a iuſqu'à
preſent tenu pour non ſolus ou non expliquez. Et le traducteur luy
fait dire, *cecy eſt vne conceſſion tres-fameuſe, mais elle eſt demande & de*
difficile inuention, laquelle iuſqu'à preſent a eſté dite ἄλογα *ſans raiſon, &*
qui ſolut artificiellement le probleme meſographic, qui ſont deux choſes
bien differentes: car ce que Monſieur Viete dit eſtre facile, celuy-cy
l'appelle difficile, & ce mot d'ἄλογα que celuy-là refere aux *proble-*
mes, celuy-cy le refere à la *conceſſion,* prenãt en grec vn pluriel pour
vn ſingulier, comme il auoit fait en latin pluſieurs fois vn cas pour
vn autre: & ce que Monſieur Viete attribuë à l'Analyſe ou à l'Ana-
liſte (car il faut ſous-entendre l'vn ou l'autre) celuy-cy l'attribuë à
ceſte conceſſion, ſçauoir eſt la ſolution de quelques problemes que
les grecs nommoient ἄλογα, & que nous ne deuons pas pour cela ſelon mon aduis appeller en françois irrationaux, ny inſolubles, ny
inexplicables (bien que le mot le puiſſe ſignifier ailleurs) par beaucoup de raiſons que ie donnerois, ſi c'eſtoit icy le lieu d'en parler,
mais ie me contente de faire voir les fautes principales de ceſte traduction, comme i'ay cy deuant promis, le plus ſuccinctement que
faire ſe pourra, & meſme i'en ay laiſſé paſſer beaucoup qui n'eſtoiét
pas à rejetter, non plus que celle-cy, nomb. 27. *ergo à nemine hacte-*
nus adgnitum myſterium angularium ſectionum, ſiue ad Arithmetica,
ſiue geometrica, aperit & edocet, le traducteur dit ſeulement, *donc iuſ-*
ques a preſent le myſtere de la ſection des angles n'a eſté cognu par au-

cuns,

eurs, où vous voyez vn changement & vne obmiſſion d'importance, pour ne ſçauoir pas à quoy ſe rapportoient les verbes *aperis & edocet*, comme i'ay dit cy-deſſus: d'où s'enſuit encore ceſte faute, nomb. 28. *lineam rectam curua non comparat*, la ligne droicte n'eſt comparée à la courbe, & pour concluſion, *repugnare itaque videtur homogeneorum lex. C'eſt* pourquoy *la loy des homogenes eſt venuë repugner aux deux problemes precedens.* Or iugez maintenant ſi Monſieur Viete n'a pas grande obligation à ce braue homme, qui ſuplée ſi bien à ces deffaux, & qui retranche ou adjouſte touſiours quelque choſe à ſes paroles, ſelon qu'il eſt neceſſaire; & que la ſcience le requiert, pour plus grande facilité. Mais tout cela ne ſeroit rien encores, & les plus habiles pourroient ſupporter ces manquements, & pardonner à ceſte traduction(tout le monde ne pouuant pas ſçauoir parfaictement les langues)ſi l'honneur de Monſieur Viete,& la verité, n'eſtoient par trop intereſſez dans la plus grande & derniere de toutes les fautes, à laquelle ie vous ſupplie de preſter vn peu d'attétion. Monſieur Viete le plus excellent ſans contredit de tous ceux que nous auons cognoiſſance auoir traité des Mathematiques pures, apres auoir tres-heureuſement inuenté ceſte Algebre, par laquelle on pouuoit auec grande facilité reſoudre des problemes, que les anciens & les modernes auoient treuué tres-difficiles,& par laquelle il en auoit en peu d'heures ſolu, que lon propoſoit publiquement à tous les Mathematiciens du monde; apres auoir diſ-ie inuenté cet art miraculeux, qui donna ſujet aux plus habiles de ſon temps de luy rendre l'hommage qu'on deuoit au Dieu Tutelaire ou Reſtaurateur des Mathematiques égarées. Pour marque de ſon Excellence,& pour toute recompenſe d'vn ſi rare preſent qu'il laiſſoit à la Poſterité, il le voulut finir par ce petit Eloge. *Denique faſtuoſum illud problema problematum, ars Analytice, triplicem Zetetices, Poriſtices, & Exegetices formam tandem induta, iure ſibi adrogat quod eſt. Nullum non Problema ſoluere.* mais le traducteur au lieu de l'approuuer à l'auantage de ſon Autheur,& de la ſcience qu'il profeſſe, voire d'encherir par deſſus,s'il en euſt eſté beſoin, eſcrit & dit tout le contraire en ces paroles. *Finalement l'art Analytic introduit ſous la triple forme du Zetetique, Poriſtique, & Exegetique, abroge de ſon authorité le plus ampoulé probleme des problemes qui eſt; Donner ſolution de tout*

ō

Probleme. Apres cela, que reste-il à dire de luy, sinon qu'il est plus digne de compassion que d'enuie, & de reprimende, bien que pour l'ordinaire ceux qui se voyent blasmez, accusent de mesdisance ou d'enuie ceux qui leur font l'honneur de les reprendre, & qui se sont donnez la'peine de corriger leurs fautes. Pour moy, ie vous proteste que mon intention est fort esloignee de celle des Critiques, & comme la vanité ne m'a iamais fait perdre vne heure de bon temps, ny la mauuaise enuie vne heure de repos, ie vous puis asseurer que hors l'interest de M. Viete, & de la verité, ie n'aurois pas voulu prendre la peine de lire la seconde page de ceste traduction, ny celle de vous escrire la troisiesme de ceste censure, outre que i'ay pitié de celuy mesme que ie reprens, pour lequel ie voudrois estre obligé de faire vn long Panegyrique, tant j'ayme d'inclination ceux qui cherissent la science que j'ayme, & dont ie n'ay iamais cognû de veritable enfant qui n'ayt des bontez naturelles au souuerain degré. Il faut donc excuser en quelque sorte les manquements de nostre frere, & se ressouuenir du commandemēt de l'Apostre: s'il eust pû mieux faire, il eust fait ; & s'il eust sçeu la langue Originaire & Vniuerselle que nous promettoit le Breton, il n'eust pas commis tant de fautes ; vne autre fois il en fera moins, s'il entreprend vne matiere plus facile, ou s'il veut emprunter le secours & le conseil de ses amis, en la version des Zetetiques qu'il promet, esquels pourtant (comme i'ay dit cy-dessus) j'espere qu'il reüssira mieux, parce qu'il y à moins de Logique & de liaison, & que ce sont toutes pieces destachées & de pure Mathematique, dont la version est par consequent plus facile à qui sçait la science, & tant soit peu la langue. Cependant Dieu nous veüille preseruer de sēblables traducteurs de tous ces beaux liures Arabes qu'on a rapporté du Leuāt, car il vaudroit presque autāt que ils fussent encore en Affrique & en Asie, que d'estre frāçois ou latins de la sorte. Ce n'est pas en ces choses qu'on se peut excuser en disant *in magnis voluisse sat est*, il y faut quelque chose de plus que la bonne volonté, & il vaut bien mieux ne prendre point de charge quant il n'y a point d'obligation, que d'en prendre vne trop pesante, & qui surpasse infiniment nos forces, ou du moins si quelque consideration nous y oblige, nous pouuons mesme auec honneur implorer du secours, & le bras d'vn second, ou des forces mouuantes pour

augmenter les noftres ne nous tourment point à mefpris ny a def-
auantage. Il falloit donc que voftre tradu{ct}eur confultaft ceux
qui luy pouuoient ayder & qui fçauoient plus de latin que luy, au
moins il n'euft pas choppé fi fouuent, & ne fe fuft pas diametrale-
ment oppofé tant de fois aux penfees de fon autheur, & particu-
liement en ces dernieres paroles *iure fibi adrogas*, qu'il interprete
abroge de fon Authorité. Paroles que M. Viete difoit pluftoft pour la
recommandation de fon art, que par vanité qu'il tiraft de l'auoir
inuenté, mais qui font neantmoins de grande confequence, puis
qu'elles portent hardiment la loüange de leur autheur, & la verité
de la fcience, qui n'a point d'auantage ny de tiltre plus glorieux que
celuy que le tradu{ct}eur luy defrobe, pour en fubftituer vn côtraire.
Ce peché du tradu{ct}eur feroit irremiffible, puis qu'il eft contre le
fain efprit, fi l'innocence qui l'accompagne ne l'excufoit en quelque forte ; Mais puis que nos Theologiens font d'accord qu'il n'y a
point d'offence, où il n'y a point de volonté ny de cognoiffance du
mal, j'aduoüe qu'on luy doit non feulement pardonner cette faute,
mais encores toutes les autres, & fi j'auois l'honneur de le cognoiftre, ie m'affeure qu'il ne me refuferoit pas de faire la fatisfa{ct}ion
pour la gloire de M. Viete, car ie veux croire qu'il n'a point erré
par malice ; au contraire, qu'il honore infiniment fa memoire, puis
qu'il a le premier eu le courage de le mettre en françois. Mais comme les forces luy ont manqué, la foibleffe la contraint de fuccom-
ber foubs la pefanteur de ce faix, & de nous donner en mefme téps
les tefmoignages de fa bonne volonté, auec ceux de fon impuiffan-
ce ; Dequoy pourtant nous luy fommes encor plus obligez qu'à
ceux qui malicieufement ont fupprimé le refte de fes œuures pour
facrifier à leur jaloufe humeur, & qui apres auoir receu de ce grand
homme l'inftru{ct}ion, la bonne fortune, & herité de fes plus grands
trefors (ie veux dire de fes efcrits) en ont tres-mal vfé, fe les eftants
rendus fi propres, qu'ils en ont priué le public & par confequant
leur autheur, de la gloire qu'il meritoit, au lieu d'emploier iour &
nui{ct} & leur voix & leur plume pour l'agrandiffement de fa reputation ; ou du moins fomenter celle que tous les eftrangers luy ont
defia donnee. I'en dirois dauantage tant i'ay de paffion pour l'honneur de M. Viete, de la nation, & de la fcience, & d'auerfion pour

les ingrats, & pour les enuieux, si d'autre costé me ressouuenant de
ce vers , κακὸν Διχόντος ἀχ᾽ἐχς ὦπ᾽ζω σκιὰχ ie n'arrestois ma plume :
Mais puis que c'est vne chose inutile de troubler les ombres des
morts, permettez moy d'entrer iustement en cholere contre ceux
qui viuent encores, & de leur faire mille imprecations, s'ils ne s'ac-
quittent promptement de ce qu'ils doiuent au public, & à la reputation de M. Viete & de son disciple, dont ils recelent les trauaux
soubs quelque esperance de lucre. Ames lasches & mercenaires,
hommes de terre & de vapeurs puissiez-vous deuenir de bronze
puis que vous aymez tant le metal si vous ne nous rendez bien tost
ce qui n'est point à vous, & que vous ne pouuez retenir sans faire
tort à tout le monde, ces papiers ne sont pas de la succession du def-
funt qui n'en estoit que depositaire comme vn Huguenot des Reli-
ques pour les rendre à la communauté des fidelles: tous les honnestes gens y ont vn notable interest, & si les moindres legataires in-
tentent des actions pour ce qu'on leur donne de grace, pourquoy
les vrays enfans ne se plaindront-ils pas de ceux qui les voudroient
priuer de leur legitime. Ostez-nous-en donc le sujet, & faictes en
mesme temps deux belles actions; l'vne en satisfaisant à ce que
vous deuez au prochain, selon Dieu, l'autre en obligeant le public,
la nation, & la posterité, par vne restitution publique & genereuse,
dont vous receurez plus d'honneur & de benedictions qu'il n'y aura
de characteres; pour moy ie seray le premier à vous en chanter des
loüanges qui vaudront plus que des pistoles si vous m'en voulez
croire. Pour vous Mr. vous deuez attendre vn remerciement gene-
ral du soin que vous auez pris de ceste traduction. Cependant re-
ceuez ce particulier d'aussi bon cœur que ie vous donne.

Vostre tres-humble seruiteur P. P. B.

Fautes suruenuës en l'Impression.

PAge 5. ligne 16. & ce qui. lisez, à ce qui. pag. 9. lig. 12. externes, lisez extrémes. pag. 28. lig. 16. au lieu du Grec, lisez, Du
tout , par soy, vniuersellement, premierement. pag. 32. lig. 2. en
la mesure, lisez est la mesure. p. 146. base du triangle 51. lisez 15.

L'INTRODVCTION

EN L'ART ANALYTIQVE.

OV

ALGEBRE NOVVELLE.

CHAPITRE PREMIER.

De la définition, & diuision de l'Analyse, & des choses qui seruent à la Zeteticque.

IL se rencontre dans les Mathematiques vne certaine maniere & façon de rechercher la verité, laquelle on dit auoir esté premierement inuentée par Platon, que Theon a appellée Analyse, & par luy définie la supposition de ce que l'on cherche.

A

comme s'il eſtoit concedé pour paruenir à vne
verité cherchée, & ce par le moyen des conſequences; comme au contraire la Syntheſe eſt la
ſuppoſition d'vne choſe concedée pour paruenir
à la cognoiſſance de ce que l'on cherche par le
moyen des conſequences. Et combien que les anciens ayent propoſé deux ſortes d'Analyſe, à ſçauoir la Zeteticque & la Poriſticque, auſquelles
la definition de Theon conuient principalement;
toutesfois il eſt à propos d'en eſtablir encores vne
troiſiéme eſpece, qui ſoit appellée Rheticque, ou
Exegeticque : doncques la Zeteticque eſt celle
par laquelle ſe trouue l'égalité, par le moyen de
la proportion qui eſt entre la grandeur que lon
cherche, & celle qui eſt donnée. La Poriſticque
eſt celle par laquelle on examine la verité d'vn
Theoreme déja ordonné, par le moyen de l'é-
galité ou proportion. L'Exegeticque eſt celle par
laquelle on trouue la quantité ou grandeur cherchée, par le moyen de l'égalité ou proportion
déja ordonnée. Par ainſi l'art Analyticque entiere exerçant ces trois offices, peut eſtre definie la
doctrine de bien inuenter és Mathematiques. Et
quant à la Zeteticque, elle ſe pratique auec l'v-
ſage de la Logique, par ſyllogiſmes & enthyme-

mes, qui font fondez & appuyez fur les mefmes
fimboles defquels on tire la côclufion des égalitez
& proportions, lefquels doiuent eftre pris & em-
pruntez tât des notions cómunes, que des Theoremes qui ont defia efté ordonnez par le moyen
de l'Analyfe mefme. Or eft-il que la forme de pra-
tiquer la Zeteticque eft par vn particulier art, qui
n'exerce plus fa ratiocination par les nombres ; ce
qui fe faifoit auparauant par la nonchalance des
anciens Analyftes, mais par la Logiftique fpecieu-
fe nouuellement mife en vfage à cét effect, beaucoup meilleure pour comparer les grandeurs entr'elles, que n'eft celle des nombres, en propofant
premierement la loy des Homogenes, & eftablif-
fant & dériuant d'icelle l'ordre ou échelle folem-
nelle, ou les degrez des grandeurs, qui montent
ou décendent de genre en genre, d'elles-mefmes
proportionnellement , lefquels degrez feruent
pour defigner & diftinguer les grandeurs lors
qu'elles font comparées entr'elles.

A ij

CHAPITRE II.

Des ſimboles, des æquations & proportions.

'Analyticque prend pour ſimboles des æquations & proportions, ceux qui ſont les plus cognus, & qui ſe trouuent dans les elemens, comme demonſtrés, tels que ceux qui ſuiuent.

1. Que le tout eſt égal à ſes parties.
2. Que les choſes qui ſont egales à vne meſme, ſont égales entr'elles.
3. Que ſi choſes égales ſont adjouſtées à choſes égales, que les tous ſont égaux.
4. Que ſi de choſes égales on oſte choſes égales, que les reſtes en ſont égaux.
5. Que ſi on multiplie choſes égales par choſes égales, que les produicts en ſont égaux.
6. Que ſi on diuiſe choſes égales par choſes égales, que les quotiens ſont égaux.
7. Que ſi quelques choſes ſont proportionelles directement, qu'elles ſont proportionelles à rebours & alternatiuement.

8. Que si choses proportionelles semblables sont adjoustées à choses proportionnelles semblables, que les tous sont proportionels.

9. Que si choses proportionelles semblables sont ostées de choses proportionelles semblables, que les restes sont proportionels.

10. Si on multiplie choses proportionelles par choses proportioneles, que les produicts sont choses proportionelles.

11. Si on diuise choses proportionelles par choses proportionelles, que les quotiens sont proportionels.

12. Que l'égalité ou raison n'est point changée par vn commun multiplicateur ou diuiseur.

13. Que ce qui est fait sous tous les segmens est égal, à ce qui est fait soubs les tous.

14. Que ce qui est fait continuëment soubs quelques grandeurs ou prouient de la diuision continuelle d'icelles, est égal à quelque ordre que lon tienne en la multiplication ou diuision.

Le principal simbole des égalitez & proportions, & de la plus grande importance qui soit és Analyses, est celuy cy.

15. S'il y à trois ou quatre grandeurs, & que ce qui

est produict soubs les extrémes, soit égal à ce qui
est produict soubs celle, ou celles du milieu, que
ces grandeurs sont proportionelles. Et au rebours.

16. S'il y à trois ou quatre grandeurs, & qu'il y ait
mesme raison de la premiere à la seconde, & de la
seconde à la troisiéme, ou de la troisiéme à la qua-
triéme; que de la premiere à la seconde, ce qui est
contenu soubs les extrémes, sera égal à ce qui est
contenu soubs les moyennes.

Partant la proportion peut estre dite l'establissement de l'égalité, & l'égalité la resolution de
la proportion.

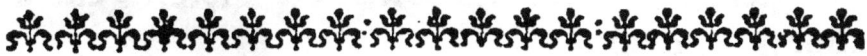

CHAPITRE III.

De la regle des Homogenes, & des degrez & genres
des grandeurs comparées.

A premiere loy & perpetuelle regle des
égalitez ou proportions, laquelle dautant
qu'elle concerne les Homogenes, est appellée la regle des Homogenes, est celle-cy,
que

Les Homogenes fe cóparent aux Homogenes.

Car on ne peut cognoistre comment les Hete-rogenes fe comportent entr'eux , comme difoit Adraftus.

Tellement que

Si vne grandeur est adjoustée à vne grandeur, elle luy est Homogene.

Si vne grandeur est ostée d'vne grandeur, elle luy est Homogene.

Si vne grandeur est multipliée par vne gran-deur , celle qui est produicte fera Heterogene à toutes les deux.

Si vne grandeur est appliquée à vne autre grandeur, celle qui en reuient est Heterogene à toutes les deux.

Et faute d'auoir pris garde à cela, les anciens Analyftes fe font trompez.

Les grandeurs lefquelles montent ou décen-dent d'elles-mefmes proportionellement de genre en genre, s'appellent fcalaires.

La premiere des grandeurs fcalaires est,

      Le costé ou la racine.

   2. Le quarré.

   3. Le cube.

   4. Le quarré quarré.

5. Le quarré cube.

6. Le cube cube.

7. Le quarré quarré cube.

8. Le quarré cube cube.

9. Le cube cube cube.

Et se doibuent les autres qui suiuent dénommer de la mesme methode & suite.

Les genres des grandeurs comparées ainsi qu'ils sont énoncez des scalaires, sont

Le 1. la longueur ou largeur.

2. le plan.

3. le solide.

4. le plan plan.

5. le plan solide.

6. le solide solide.

7. le plan plan solide.

8. le plan solide solide.

9. le solide solide solide.

Et doiuent les autres qui suiuent se dénommer de la mesme methode, & mesme suitte.

Le degré auquel la grandeur comparée subsiste à conter du costé ou longueur, & ce dans la suitte des degrez scalaires s'appelle puissance.

Tous les autres degrez inferieurs s'appellent degrez parodicques, ou degrez seruant de passage.

La

La puiſſance eſt pure, lors qu'elle eſt libre de toute affection.

La puiſſance affectée eſt celle laquelle ſe trouue meſlée d'vn Homogene, ſoubs le degré parodic
de la puiſſance, & vne grandeur coëfficiente em-
pruntée.

Les grandeurs empruntées ſoubs leſquelles, &
ſoubs vn degré parodic eſt fait quelque choſe Homogene à la puiſſance, & ce qui affecte la meſme
puiſſance, s'appellent ſoubs graduelles.

CHAPITRE IV.

Des regles & preceptes de la Logiſtique ſpecieuſe.

A Logiſtique nombreuſe eſt celle qui ſ'e-
xerce par les nombres.

Et la ſpecieuſe eſt celle qui ſe pratique
par les eſpeces ou formes, meſmes des choſes ; telles
que par exemple ſont les lettres de l'alphabet.

Les preceptes ou regles de la Logiſtique ſpecieuſe ſont quatre, auſſi bien que de la nombreuſe.

B

LA PREMIERE REGLE.

Adjouſter vne grandeur à vne grandeur.

Qv'il y ait deux grandeurs A. & B. il faut adiouſter l'vne à l'autre.

Donc puis qu'il faut adiouſter vne grandeur à
vne grandeur, & que les Homogenes ne ſe meſlent
point auec les Heterogenes, les deux grandeurs que
l'on propoſe pour eſtre adiouſtées ſont Homogenes. Or plus ou moins ne font pas diuerſité de genres, partant elles ſe pourront adiouſter commodément par la marque de coniončtion ou addition, &
ſeront ainſi adiouſtées A. plus B. ſi ce ſont ſimples
longueurs ou largeurs.

Mais ſi elles montent ſuyuant l'eſchelle cy deſſus
rapportée, ou qu'elles communiquent en genre à
celles qui montent, elles ſeront deſignées par la dénomination qui leur conuient. Par exemple, on dira
A. quarré, plus B. plan, ou bien A. cube, plus B. ſolide, & ainſi des autres.

Or les Algebriſtes ont couſtume de marquer l'af-
fcčtion d'addition par le ſigne ✛

LA II. REGLE.

Souſtraire vne grandeur d'vne grandeur.

QV'il y ait deux grandeurs A. & B. l'vne plus grande que l'autre. Il faut souſtraire la plus petite de la plus grande.

Donc puis qu'il faut souſtraire vne grandeur d'vne grandeur ; & que les grandeurs de meſme genre n'affectent point celles qui ſont d'autre genre, les deux grandeurs propoſées ſont de meſme genre. Or plus & moins n'introduiſent point de diuerſité de genre, partant la plus petite ſera commodément ſouſtraicte de la plus grande, par le ſigne de diſionction, & ſeront ainſi diſioinctes A. moins B. ſi ce ſont ſimples longueurs ou largeurs.

Mais ſi elles montent ſuyuant l'eſchelle cy deuant rapportée, où qu'elles y communiquent en genre, elles ſeront deſignées par la dénomination qui leur conuient. Par exemple on dira A. quarré moins B. plan, ou bien A. cube moins B. ſolide, & de meſme és autres.

Or eſt-il que l'operation ne ſe fait pas autrement, ſi la grandeur qu'il faut ſouſtraire eſt deſia affectée,

dautant que le tout & ſes parties ne doibuent eſtre
eſtimées de diuerſe condition, comme ſi de A. il faut
ſouſtraire B. plus D. le reſte ſera **A.** moins B. moins
D. oſtant les grandeurs B. & D. chacune en particulier.

Mais ſi D. eſt niée de B. & qu'il faille ſouſtraire B.
moins D. de A. le reſte ſera A. moins B. plus D. dautant qu'en oſtant la grandeur B. on oſte plus qu'il ne
faut, & ce de la grandeur D. partant il faut recom-
penſer cela par l'addition d'icelle grandeur.

Or les Analyſtes ont de couſtume de repreſenter
l'affection de diſionction par le ſigne ⸺ & ceſte
affection eſt appellée par Diophante λεῖψις, c'eſt à
dire diminution, comme l'affection d'adionction
ὑπαρξις, c'eſt à dire augmentation.

Mais lors qu'on n'exprime pas laquelle des deux
grandeurs eſt la plus grande ou plus petite, & toutesfois qu'il faut faire ſouſtraction, le ſigne de la difference eſt ══ c'eſt à dire moins, mais auec in-
certitude, comme ſi on propoſe A. quarré & B. plan,
la difference ſera A. quarré ══ B. plan, ou B. plan
══ A. quarré.

LA III. REGLE.

Multiplier vne grandeur par vne grandeur.

QV'il y ait deux grandeurs A. & B. Il faut multiplier l'vne par l'autre.

Doncques puis qu'il faut multiplier vne grandeur par vne autre grandeur, elles produiront par leur multiplication vne grandeur qui leur sera Heterogene, c'est à dire de diuers genre, & partant celle qui sera produicte, sera commodément signifiée par le mot (*par* ou *soubs*) comme A. par B. ou comme quelqu'autres ont eu pour aggreable, que telle grandeur est faite soubs A. & B. & cela si A. & B. sont simples longueurs ou largeurs.

Mais si elles montent suyuant l'eschelle, ou qu'elles communiquent en genre aux quantitez qui montent suyuant icelle, il faut mettre les dénominations des grandeurs scalaires, ou de celles qui leur communiquent en genre. Par exemple A. quarré par B. ou A. quarré par B. plan, ou B. solide, & de mesme aux autres.

Que si les grandeurs qu'il faut multiplier, ou l'vne d'icelles, sont de plusieurs noms, il n'arriuera pour

cela aucune diuerſité en l'operation, dautant que le
tout eſt égal à ſes parties, & partant ce qui eſt produict ſoubs les ſegmens, de quelque grandeur eſt
égal à ce qui eſt produict par le tout. Et lors que le
nom d'vne grandeur qui eſt affirmé ſera multipliée
par le nom d'vne autre grandeur auſsi affirmée, ce
qui en prouiendra ſera auſsi affirmé, & ce qui ſera
multiplié par vn qui eſt nié ſera nié.

En conſequence de laquelle regle, il faut que ce
qui eſt produict par la multiplication mutuelle des
noms affectez de negation ſoit affirmé, comme lors
que A----B ſera multiplié par D----G. D'autant que
ce qui prouient de A. qui eſt affirmé par G. qui eſt
niée, demeure nié, qui eſt trop nier ou diminuer, par
ce que la grandeur A. qu'il faut multiplier, n'eſt pas
abſolument entiere ; pareillement ce qui prouient
de la multiplication de B. qui eſt affectée de negation par D. affirmée, demeure niée, qui eſt derechef
trop nier, ou diminuer, parce que la grandeur D.
qu'il faut multiplier n'eſt pas abſolument entiere ;
partant en recompenſe, lors que B. affectée de negation eſt multipliée par G. affectée de negation, ce
qui en prouient eſt affirmé.

Les dénominations des produicts des grandeurs
leſquelles montent proportionellement de genre en

genre, sont celles qui s'ensuyuent.

Le costé multiplié par soy-mesme produict le quarré.

Le costé par le quarré fait le cube.

Le costé par le cube fait le quarré quarré.

Le costé par le quarré quarré fait le quarré cube.

Le costé par le quarré cube fait le cube cube.

Et à rebours, le quarré par le costé fera le cube. Le cube par le quarré fera le quarré quarré. Derechef.

Le quarré multiplié par soy-mesme fait le quarré quarré.

Le quarré par le cube fait le quarré cube.

Le quarré par le quarré quarré fait le cube cube.
Et à rebours.   Derechef.

Le cube par soy-mesme fait le cube cube.

Le cube par le quarré quarré fait le quarré quarré cube.

Le cube par le quarré cube fait le quarré cube cube.

Le cube par le cube cube fait le cube cube cube.

Et à rebours, en gardant le mesme ordre.

Pareillement és Homogenes.

La largeur multipliée par la longueur fait le plan.

La largeur par le plan fait le solide.

La largeur par le solide fait le plan plan.

La largeur par le plan plan fait le plan solide.

La largeur par le plan solide fait le solide solide.

Et au rebours.

Le plan par le plan fait le plan plan.

Le plan par le solide fait le plan solide.

Le plan par le plan plan fait le solide solide.

Et au rebours.

Le solide multiplié par le solide fait le solide solide.

Le solide par le plan plan fait le plan plan solide.

Le solide par le plan solide fait le plan solide solide.

Et à rebours, en gardant le mesme ordre.

LA IIII. REGLE.

Appliquer vne grandeur à vne autre grandeur.

QV'il y ait deux grandeurs, sçauoir A & B. Il faut appliquer l'vne à l'autre.

Doncques puis qu'il faut appliquer vne autre grandeur, & que les Homogenes sont appliquées aux Heterogenes, les plus hautes aux plus basses, les grandeurs qu'on propose sont Heterogenes.

Soit donc A. vne longueur, B. vn plan, partant

l'on

l'on tirera vne petite ligne entre B. plan, la plus haute, & A. la plus baſſe, qui eſt celle à laquelle ſe fait l'application.

Or ces grandeurs ſeront dénommees par les degrez auſquels elles ſubſiſtent, ou eſquels elles ſont arreſtees en l'eſchelle des proportionelles ou Homogenes. Par exemple $\frac{B.\,plan.}{A.}$ par laquelle marque la largeur qui reuient de l'application de B. plan, par la longueur A. eſt ſignifiee.

Que ſi on poſe que B. ſoit cube, A. plan, par $\frac{B.\,cube.}{A.\,plan.}$ l'on donnera la largeur qui vient de l'application de B. cube, à A. plan.

Et ſi on poſe que B. ſoit cube, A. longueur, par $\frac{B.\,cube.}{A.}$ l'on repreſentera le plan qui reſulte de l'application de B. cube à A. & gardera-on cét ordre à l'infiny.

Le meſme s'obſeruera és grandeurs de deux, ou pluſieurs noms.

Les dénominations des produiĉts de l'application des grandeurs qui montent par les degrez de l'eſchelle, proportionellement de genre en genre, ſont celles qui ſuyuent.

Le quarré appliqué au coſté produiĉt le coſté.

Le cube appliqué au coſté produiĉt le quarré.

Le quarré quarré appliqué au coſté produiĉt le

cube.

Le quarré cube appliqué au cofté produict le quarré quarré.

Le cube cube appliqué au cofté produict le quarré cube.

Et à rebours.

C'eft à dire, le cube appliqué au quarré donne le cofté.

Le quarré quarré appliqué au cube produict le cofté, &c.   Derechef.

Le quarré quarré appliqué au quarré produict le quarré.

Le quarré cube appliqué au quarré produict le cube.

Le cube cube appliqué au quarré produict le quarré quarré.

Et à rebours.   Derechef.

Le cube cube appliqué au cube produict le quarré quarré.

Le quarré cube cube appliqué au cube produict le quarré cube.

Le cube cube cube appliqué au cube produict le cube cube.

Et au rebours, gardant confecutiuement le mefme ordre.

Pareillement és Homogenes.

Le plan appliqué à la largeur produict la longueur.

Le solide appliqué à la largeur produict le plan.

Le plan plan appliqué à la largeur produict le solide.

Le plan solide appliqué à la largeur produict le plan plan.

Le solide solide appliqué à la largeur produict le plan solide.

Et à rebours.

Le plan plan appliqué au plan produict le plan.

Le plan solide appliqué au plan produict le solide.

Le solide solide appliqué au plan produict le plan plan.

Et à rebours.

Le solide solide appliqué au solide produict le solide.

Le plan plan solide appliqué au solide produict le plan plan.

Le plan solide solide appliqué au solide produict le plan solide.

Le solide solide solide appliqué au solide produict le solide solide.

Et au rebours, gardant touſiours le meſme ordre.

Au reſte, ſoit és additions ou ſoubſtractions de grandeurs, ſoit és multiplications & diuiſions, l'application n'empeſche pas que les regles cy deuant ſpecifiees n'ayent lieu, attendu que lors qu'en l'application vne grandeur, tant celle qui eſt plus haute, que celle qui eſt plus baſſe, eſt multipliee par vne meſme grandeur, par le moyen de cette operation rien n'eſt adiouſté ou oſté au genre, ou valeur de la grandeur de l'application, dautant que ce que la multiplication a mis de plus, l'application l'oſte en meſme temps.

Par exemple, $\frac{B.\,par\,A.}{B.}$ c'eſt à dire A. & $\frac{B.\,par\,A.\,plan.}{B.}$ c'eſt A. plan.

Partant qu'és additions il faille à $\frac{A.\,plan.}{B.}$ adiouſter Z. la ſomme ſera $\frac{A.\,plan\,\,+\,Z.\,par\,B.}{B.}$

Ou qu'il faille à $\frac{A.\,plan.}{B.}$ adiouſter $\frac{Z.\,quarré.}{G.}$ la ſomme ſera $\frac{G.\,par\,A.\,plan\,\,+\,B.\,par\,Z.\,quarré.}{B.\,par\,G.}$

Es ſouſtractions qu'il faille de $\frac{B.\,plan.}{B.}$ ſouſtraire Z. le reſte ſera $\frac{A.\,plan\,\,-\,Z.\,par\,B.}{B.}$

Ou bien qu'il faille de $\frac{A.\,plan.}{B.}$ ſouſtraire $\frac{Z.\,quarré.}{G.}$ le reſte ſera $\frac{A.\,plan.\,par\,G.\,\,-\,Z.\,quarré\,par\,B.}{B.\,par\,G.}$.

Es multiplications qu'il faille multiplier $\frac{A.\,plan.}{B.}$ par B. le produict ſera A. plan.

Ou bien qu'il faille multiplier $\frac{A.plan.}{B,}$ par Z. le produict sera $\frac{A.plan.}{B.}$ par Z.

Ou bien en fin qu'il faille multiplier $\frac{A.plan.}{B.}$ par $\frac{Z.quarré}{G.}$ le produict sera $\frac{A.plan.par Z.quarré.}{B.par G.}$

Es applications qu'il faille appliquer $\frac{A.cube.}{B.}$ à D. les deux grandeurs estant multipliées par B. celle qui en prouiendra sera $\frac{A.cube.}{B.par D.}$

Ou bien qu'il faille appliquer B. par G. à $\frac{A.plan}{D.}$ les deux grandeurs estant multipliées par D. lon produira $\frac{B.par G.par D.}{A.plan.}$

Ou finallement qu'il faille appliquer $\frac{B.cube.}{Z.}$ à $\frac{A.cube.}{D.plan.}$ ce qui en reuiendra sera $\frac{B.cube.par D.plan.}{Z.par A.cube.}$

CHAPITRE V.

Des regles de la Zetetique.

 A façon de pratiquer la Zetetique consiste presque entierement és regles suyuantes.

1. S'il est question d'vne longueur, & que l'æquation ou proportion soit cachée soubs les enueloppes des choses qui sont proposees, la longueur que l'on

cherche soit vn costé.

2.　S'il est question d'vn plan, & que l'æquation ou proportion soit cachee soubs les enueloppes de ce qui est proposé, le plan que l'on cherche soit vn quarré.

3.　S'il estoit question d'vne solidité, & que l'æquation ou proportion soit cachee soubs les enueloppes des choses proposees, la solidité que l'on cherche soit vn cube ; doncques la grandeur dont est question montera ou descendra de soy-mesme par tous les degrez des grandeurs comparees.

6.　Les grandeurs, tant les donnees que celles qui sont cherchees, soient comparees selon la condition de la question, adioustant, soubstrayant, multipliant, & diuisant, gardant par tout inuiolablement la loy des Homogenes.

Il est donc manifeste qu'en fin on trouuera quelque chose egal à la grandeur que l'on cherche, ou à la puissance d'icelle, à laquelle elle montera ; & cela est ou entierement produict sous des grandeurs donnees, ou bien produict en partie soubs des grandeurs donnees, & partie soubs des grandeurs incogneuës, ou soubs vn de ses degrez parodics.

5.　Laquelle operation affin qu'elle soit aydee par quelque artifice, il faudra distinguer les grandeurs

donnees d'auec les incogneuës, par quelque figne
arrefté perpetuel, & bien apparent ; Par exemple,
defignant les grandeurs incogneuës par la lettre A.
ou autre des voyelles, E, I, O, V, Y, & les donnees
par les lettres, B, C, D, ou autres confones.

6.   Les produicts foubs des grandeurs donnees
entierement, foient adiouftez l'vn à l'autre, ou foub-
ftraictes felon la condition de la queftion, & foient
affemblez en vn feul produict, lequel conftituera
l'Homogene de la comparaifon, ou foubs la mefure donnee, & vne des parties de l'æquation.

7.   Pareillement les produicts foubs les grandeurs
donnees, & foubs vn mefme degré parodic, foient
adiouftez l'vn à l'autre, & foubftraicts felon la condition de la queftion, & foient affemblez en vn produict, qui foit l'Homogene de l'affection, ou l'Homogene foubfgraduel.

8.   Les Homogenes foubfgraduels accompagne-
ront la puiffance qu'ils affectent, ou qui les affecte, &
feront l'autre partie de l'æquation auec la puiffance
mefme ; & partant l'Homogene produict foubs la
mefure donnee, fera énoncé de la puiffance, laquelle
puiffance prendra fa defignation de fon genre, ou
ordre purement, fi elle eft fans affection ou meflan-
ge ; autrement fi elle eft affectee par des Homoge-

nes d'affeétion, il la faudra defigner, tant elle, que le genre de l'affeétion, que pareillement le degré, que la qualité de la grandeur, qui fert de coëfficiente au degré.

9.   Et partant, s'il arriue qu'vn Homogene foubs la mefure donnee foit meflé auec vn Homogene foubfgraduel, il faudra faire l'antithefe, laquelle fe fait lors que les grandeurs qui affeétent, ou qui font affeétees, paffent d'vne partie de l'æquation à l'autre, foubs les fignes d'affeétion contraire, par laquelle operation l'æquation n'eft pas changee, fi bien qu'il faut en paffant demonftrer cela.

Que l'egalité n'eft pas changée par l'antithefe.

PREMIERE PROPOSITION.

SOit propofé que A quarré, moins D plan, foit égal à G quarré, moins B par A, ie dis que A quarré, plus B par A, eft égal à G quarré, plus D plan; & que par cefte tranfpofition, foubs le figne de l'affeétion contraire, l'æquation n'eft pas changee; dautant que lors que A quarré, moins B plan, eft égal à G quarré, moins B par A, fi on adioufte de part & d'autre D plan, plus B par A, il s'enfuyura

par

par la commune notion, que A quarré, moins D
plan, plus D plan, plus B par A est egal à G quarré,
moins B par A, plus D plan, plus B par A. Et parce
que l'affection negatiue en mesme partie de l'æquation fait éuanouyr l'affirmatiue en ceste æquation,
là D plan disparoist, & en celle-cy B par A, si bien
qu'il reste de part & d'autre A quarré, plus B par A,
égaux à G quarré, plus D plan.

10.   Et s'il arriue que toutes les grandeurs donnees
soient multiplices par vn degré de l'incogneuë, &
que partant qu'il ne se rencontre d'Homogene sous
la mesme, il se faudra feruir de l'Hypobibasme.

L'Hypobibasme est vn abbaissement egal de la
puissance, & des degrez parodies, gardant l'ordre
de l'eschelle, iufques à ce que l'Homogene foubs vn
degré plus bas, se trouue en fin reduit à vn Homogene, soubs la mesure entierement; par le moyen
dequoy l'egalité n'est pas changee. Ce qu'il faut demonstrer en passant.

D

Que l'egalité n'est point changée par le moyen
de l'Hypobibasme.

SECONDE PROPOSITION.

QVe A cube, plus B par A quarré, soit egal à Z
plan par A. Ie dis que par l'Hypobibasme A
quarré, plus B par A, est egal à Z plan.

Car cela mesme est auoir diuisé tous les solides
par vn commun diuiseur, par le moyen duquel l'e-
galité n'est point changee, comme il a esté cy deuant determiné.

11. Et s'il arriue que le plus haut degré auquel la
quantité incogneuë se trouue monter, ne subsiste
pas de soy mesme, mais estre multipliee par quelque
grandeur, il se faudra seruir du parabolisme.

Le parabolisme est l'application commune de
tous les Homogenes, dont l'æquation est compo-
fée, à vne grandeur donnee, par laquelle le plus haut
degré de la quantité incogneuë, se trouue multipliee, affin que ce degré prenne la denomination de
puissance, & que l'æquation subsiste sur iceluy; par
le moyen dequoy l'egalité n'est pas changee. Ce
qu'il faut en passant aussi demonstrer.

Que l'egalité n'est point changée par le parabolisme.

TROISIESME PROPOSITION.

QVe l'on propofe B par A quarré, plus D plan par A egal à Z folide. Ie dis par le parabolif-me, que A quarré, plus $\frac{\text{D.plan par A.}}{\text{B.}}$ eft egal à $\frac{\text{Z. folide.}}{\text{B.}}$ Car cela eft diuifer tous les folides de l'æquation par vn commun diuifeur, qui ne change point l'egalité, comme il a efté cy deuant determiné.

12.   Et lors l'egalité fera reputée eftre defertement exprimee, pour eftre fi l'on veut reduicte à vn ana-logifme, auec cefte precaution que les faicts foubs les externes foient reprefentez par la puiffance, & par les Homoges de l'affection; & ce qui eft fait foubs les moyennes foit reprefenté par l'Homoge-ne, foubs la mefure donnee.

13.   D'où l'on tirera cefte definition de l'analogif-me ordonné, qu'il eft vn arrangement de trois ou quatre grandeurs, tellement conçeuë en termes purs ou affectez, que tous foient donnez, horfmis celuy duquel eft queftion, ou fa puiffance & les degrez perodics a fa puiffance.

14.   Finalement l'æquation eftant ainfi ordonnee,

D ij

la Zetetique aura accomply son but & son office.

Diophante a le plus subtillement de tous exercé la Zetetique, és liures qu'il a escrit de l'Arithmetique : Il l'a toutesfois laissee, comme l'ayant exercee par nombres, (encores qu'il se soit seruy de la specieuse) affin de rendre sa subtilité plus recommandable, au moyen de ce que les choses qui semblent plus subtiles & abstruses à l'Arithmeticien qui pratique les nombres, sont à celuy qui se sert des especes plus faciles & aisees.

CHAPITRE VI.

De l'examen des Theoremes par la Poristique.

LA Zetese estant acheuee, l'analiste passe de l'hypothese à la these, & arrange les theoremes de son inuention en art formé, & s'assubiectist aux loix, καθά παντός, κατ' αυτό καθ' όλυ πρῶτον, lesquels theoremes encores qu'ils empruntent de la zetese leur demonstration & fermeté, neantmoins ne laissent pas d'estre subiects aux loix de la synthese, laquelle est censee, estre la voye de demonstrer plus conuenable à la Logique, & quand il en est besoin sont prouuez par

icelle, auec vne grande louange & approbation de
l'art qui en a donné l'inuention. Et à cause de cela
l'on repasse sur les brisées de l'analyse. Ce qui de soy-
mesme est analytic, & n'a de là difficulté à cause de
la Logistique specieuse nouuellement introduicte.
Que si l'on propose quelque inuétion qui soit d'autruy, ou que quelque chose se rencontre fortuitemét
duquel on cherche la verité, il faudra premierement
tenter la voye de la Poristique, de laquelle le retour à
la synthese est facile, conformément aux exemples
rapportez par Theon dans les Elemés, & par Apol-
lonius de Perge en ses Conicques, & par Archimede mesme en plusieurs liures.

CHAPITRE VII.

De l'office de la Rheticque.

L'Aequation de la grandeur cherchee estát
ordonnee, la Rheticque ou exegeticque
que l'on doit reputer pour estre la partie
qui reste de l'analyticque, & appartient particulie-
rement à l'establissement de l'art, les deux autres
regardant plustost les exemples que les preceptes,
comme il le faut accorder aux Logiciens,

exerce fon office tant en ce qui concerne les nombres, fi la grandeur fe doit expliquer en nombre,
qu'en ce qui concerne les longueurs fuperficies, &
corps, s'il eft neceffaire d'exhiber réellement la grā-
deur dont eft queftion. En cet endroiçt l'analyfte fe
montre tout à fait Geometre, en trauaillant & par-
faifant veritablement fon ouurage, apres en auoir
refolu vn femblable à la verité; & d'abondant fe fait
paroiftre Arithmeticien, en refoluant en nombre
quelques puiffances que ce foit, pures ou affectees;
& foit en Arithmetique, ou en Geometrie, donne
des preuues telles qu'il veut de fon art, fuyuant la
condition de l'æquation, & de l'analogifine qui f'en
tire.

Toutesfois toute forte d'affection Geometriquē
n'a pas l'adreffe requife. Car chaque probleme a fes
beautez: de faiçt, cefte forte là eft preferce à toutes
les autres, laquelle demonftre non la compofition
de l'ouurage, par le moyen de l'æquation, mais pluftoft l'æquation par le moyen de la compofition, fi
que l'ouurier garny de la cognoiffance de la Geometrie, & de l'analytique, diffimule cefte derniere,
& comme s'il fongeoit à la conftruction de l'ouurage, met au iour fon probleme fynthetic, & l'expli-
que: puis apres pour ayder les Arithmeticiens, con-

çoit &'demontre son theoreme, suyuant la proportion ou egalité qu'il y a recogneuë.

❧❧❧❧❧❧❧❧❧❧❧ ❧❧❧❧❧❧❧❧❧ ❧❧❧❧❧❧❧❧❧

CHAPITRE VIII.

Definition des æquations, & l'epilogue de l'art.

1. E mot d'æquation simplement pro-
noncé, s'entend en l'analytique, de l'e-
galité ordonnee conuenablement par
la zetese.

2. Tellement que l'æquation est la comparaison
d'vne grandeur certaine, auec vne grandeur incertaine.

3. La grandeur incertaine est vne racine, ou vne
puissance.

4. Derechef la puissance est, ou pure, ou affectee.

5. L'affection est, ou par negation, ou par affir-
mation.

6. Quand l'Homogene affectant est nié de la
puissance, la negation est directe.

7. Au contraire, quand la puissance est nice de
l'Homogene soubs ie degré, la negation est ren-

uerſee.

8. Le degré ſoubſgraduel ſeruant de meſure en la meſure de l'Homogene de l'affection.

9. Or eſt-il qu'il faut qu'en la partie incertaine de l'æquation, tant l'ordre de la puiſſance que des degrez, que la qualité de l'affection ſoit deſignee, & nonmément que les grandeurs empruntees & ſoubſgraduelles ſoient donnees.

10. Le premier degré parodic à la puiſſance, eſt la racine dont eſt queſtion. Le dernier, celuy qui eſt plus bas d'vn degré que la puiſſance, & s'appelle couſtumierement epanaphore, ou ſoubſrelatif.

11. Le degré parodic eſt reciproque à vn autre degré parodic, quand par la multiplication de l'vn par l'autre, la puiſſance en eſt produite : par ainſi la grandeur empruntee eſt reciproque du degré qu'elle ſouſtient.

12. Les degrez parodics d'vne racine qui eſt vne ſimple longueur, ſont ceux qui ſont repreſentez dans l'eſchelle.

13. Les degrez parodics d'vne racine plane, ſont les ſuyuans.

Le $\left\{\begin{array}{l}\text{quarré.}\\\text{quarré quarré.}\\\text{cube cube.}\end{array}\right.$ ou le $\left\{\begin{array}{l}\text{plan.}\\\text{quarré du plan.}\\\text{cube du plan.}\end{array}\right.$

Et

Et confecutiuement en gardant le mefme ordre.

14. Les degrez parodics d'vne racine folide, font

$$\text{Le} \begin{cases} \text{cube.} \\ \text{cube cube.} \\ \text{cube cube cube.} \end{cases} \quad \text{ou le} \begin{cases} \text{folide.} \\ \text{quarré du folide.} \\ \text{cube du folide.} \end{cases}$$

15. Le quarré, quarré quarré, quarré cube cube, & celles qui font continuëment faites foubs elles mefmes, font puiffance de moyen fimple, les autres le font d'vn moyen multiplice.

16. La grandeur certaine à laquelle les autres font comparees, s'appelle l'Homogene de la comparaifon.

17. Es nombres, les Homogenes de la comparaifon font les vnitez.

18. Quand la racine qui eft cherchee confiftant dans fa bafe eft comparee à vne grandeur Homogene donnée, l'æquation eft abfoluëment fimple.

19. Quand la puiffance de la racine qui eft cherchee fe trouue libre de toute forte d'affection, eft comparee à vne puiffance Homogene donnee, l'æquation eft climactique fimple.

20. Quand la puiffance de la racine dont eft queftion affectee foubs vn degré defigné, & vne coëfficiente donnee, eft comparee à vne grandeur Homogene donnee, l'æquation eft polynomie, fuyuant

E

la multitude & varieté des affections.

21.   Autant qu'il y à de degrez parodics à vne puiffance, d'autant d'affection peut-elle eftre enuelop-
pee.

Si bien que le quarré peut eftre affecté foubs le
cofté.

Le cube foubs le cofté, & le quarré.

Le quarré quarré foubs le cofté, quarré, & cube.

Le quarré cube foubs le cofté, quarré, & cube,
& en cet ordre & maniere infiniement.

22.   Les analogifmes refolus & tirez fe dénomment
des æquations defquels ils font tirez.

23.   L'analifte eft fuffifamment pourueu pour ce
qui regarde l'Arithmetique de ce qui luy faut, quand
il fçait

Adjouster vn nombre à vn nombre.

Souftraire vn nombre d'vn nombre.

Multiplier vn nombre par vn nombre.

Diuifer vn nombre par vn nombre.

De plus, l'art baille la methode de la refolu-
tion de toutes les puiffances, foit pures, foit affectees (ce que les anciens ont ignoré, aufsi bien que
les modernes.)

24.   Pour ce qui concerne l'exegetique au faict de la
Geometrie, elle met à part les affections les plus re-

gulieres, par le moyen defquelles les æquations des
coftez & des quarrez font tout à fait expliquees.

25. Pour les cubes & quarrez, elle demande que la
Geometrie d'elle mefme fupplee le deffaut de la
Geometrie en accordant.

De quelque poinct que ce foit de tirer à deux lignes quelles qu'elles foient vne ligne interceptee entre icelles de quelque fegment poffible que ce foit.

Cela concedé (car ce poftulant n'eft pas difficile
à executer méchaniquement) elle fout les plus re-
nommez problemes, iufques icy appellez irrationaux, conformément à l'art, le mefographie de la
fection de l'angle en trois parties egalles, l'inuention
du cofté de l'heptagone, & tous les autres qui tom-
bent dans les formules d'æquations, efquels les cubes font comparez aux folides, les quarrez quarrez
au plans plans, foit purement, foit auec affection.

26. En fin puis que toutes les grandeurs font, ou
lignes, ou fuperficies, ou corps, quel vfage pourra-
on trouuer des proportions par deffus la triplee, ou
tout au plus la quadruplee dans les chofes humaines,
finon és fections des angles, affin qu'on vienne à la
cognoiffance des angles par les coftez des figures,
ou des coftez par les angles.

27. Si bien qu'elle enfeigne & découure le myftere

des fections des angles incogneu iufqu'à prefent, foit pour l'Arithmetique, foit pour la Geometrie.

Ayant la raifon des angles, donner la-raifon des coftez.

Et faire comme vn nombre à vn nombre, ainfi vn angle à vn angle.

28. Elle ne compare point la ligne droicte à la ligne courbe, pource que l'angle eft quelque chofe de mettoyé entre la ligne droicte, & la figure plane ; & partant la loy des Homogenes y femble repugner.

29. Finalement l'art Analytique s'eftant reueftuë de fa triple forme de Zetetique, Poriftique, & Exegetique, foult le probleme le plus releué & excellent de tous les autres problemes, qui eft de SOVDRE TOVS PROBLEMES.

F I N.

LE PREMIER LIVRE
DES ZETETIQVES.

ZETETIQVE PREMIER.

A difference des deux coſtez eſtant donnée, & l'aggregé d'iceux coſtez, treuuer les coſtez.

La difference donnee des deux coſtez ſoit B, & l'aggregé d'iceux ſoit D, il faut trouuer les coſtez.

Que le plus petit coſté ſoit A, partant le plus grand ſera A$+$B, & l'aggregé des coſtez 2 A$+$B; lequel aggregé eſt donné, ſçauoir D; C'eſt pourquoy 2 A$+$B ſont égaux à D ; Et par l'anthiteſe 2 A ſont égaux à D$-$B. Et toutes les quantitez reduites à la

E iij

moitié, A fera égal à la moitié de D, moins la moitié de B.

Ou bien le plus grand cofté foit E, le plus petit fera E---B, & l'aggregé des coftez 2 E---B, lequel aggregé eft donné, fçauoir D; C'eft pourquoy 2 E---B font égaux à D. Et par l'antithefe 2 E font égaux à D-÷-B, & toutes les quantitez eftant reduites à la moitié, E fera égal à la moitié de D, moins la moitié de B.

Partant la difference de deux coftez & l'aggregé d'iceux eftant donné, l'on treuuera les coftez. Car

Si on ofte la moitié de la difference de la moitié de l'aggregé des coftez, ce qui refte eft égal au plus petit cofté; Et fi on adjoufte le total, eft égal au plus grand cofté.

Et c'eft cela mefme que la Zetefe nous enfeigne. B foit 40. D 100. A fait 30. E 70.

ZETETIQVE II.

LA difference de deux coftez eftant donnée, & la raifon d'iceux treuuer les coftez.

La difference donnee des deux coftez foit B, &

la raifon donnee du plus petit cofté au plus grand,
foit comme R à S, il faut treuuer les coftez.

Le plus petit cofté foit A, donc le plus grand fera
A ÷ B ; C'eft pourquoy A eft à A ÷ B, comme R eft à
S ; Et par confequent S par A, eft égal à R par A ÷ S
par B, & par la tranfpofition S par A ---R par A, eft
égal à R par B. Et l'analogifme eftant refolu, S---R
eft à R, comme B eft à A.

Ou bien le plus grand cofté foit E, donc le plus
petit cofté fera E---B ; C'eft pourquoy E eft à E---B,
comme S eft à R ; Partant R par E fera égal à S par
E---S par B, & par la tranfpofition S par E---R par
B, fera égal à S par B, d'où vient l'analogifme, eftant
refolu que comme S---R eft à S, ainfi B eft à E.

Donc la difference des deux coftez eftant donnee, & leur raifon, l'on treuuera les coftez. Car

Comme la difference des deux coftez femblables eft
au cofté femblable le plus grand ou le plus petit, ainfi
la difference des vrais coftez eft au vray cofté, le plus
grand ou plus petit.

Soit B 12. R 2. S 3. A fait 24. E 36.

ZETETIQVE III.

LA somme des costez, & la raison qu'ils ont entr'eux estant donnée, treuuer les les costez.

La somme des deux costez soit G, & la raison du plus petit au plus grand, comme R à S, il faut treuuer les costez.

Le plus petit costé soit A, partant le plus grand sera G---A ; C'est pourquoy A est à G---A, comme R est à S. Et partant S par A sera égal à R par G, & par la transposition ou antithese, S par A --- R par A, sera égal à R par G.

D'où il apparoist l'analogisme, estant resolu que comme S --- R est à R, ainsi G est à A.

Ou bien le plus grand costé soit E, le plus petit sera G---E ; C'est pourquoy comme E est à G---E, ainsi R est à S. Et partant R par E sera égal à R par G---S par E, & la transposition estant faite, ainsi que l'art le requiert, S par E --- R par E, sera égal à S par G.

D'où il arriuera que comme S --- R est à S, ainsi G est à E, partant la somme de deux costez, & la rai-

son qu'ils ont entr'eux estant cogneuë, les costez seront donnez. Car

Comme la somme des deux costez semblables est au
costé semblable le plus grand ou le plus petit, ainsi la
somme des vrais costez est au vray costé le plus grand ou
le plus petit.

G soit 60.　R 2.　S 3.　　A sera 26.　E 36.

ZETETIQVE IV.

DEux costez moindre que le juste estant
donnez, & la raison des defauts treuuer
le vray & juste costé.

Soient les deux costez donnez defaillans du iuste:
le premier B, le second D, & la raison donnee du
defaut du premier au defaut du second, comme R
est à S, il faut treuuer le vray & iuste costé.

Le defaut du premier soit A, partant B+A sera
le vray & iuste costé.

Or dautant que comme R est à S, ainsi A est à
$\frac{S\,par\,A}{R}$ donc $\frac{S\,par\,A}{R}$ sera le defaut du second costé : C'est
pourquoy $\frac{D-+S\,par\,A}{R}$ sera aussi le vray & iuste costé.
Partant $\frac{D-+S\,par\,A}{R}$ sera egal à B+A, & toutes les quan-

F

titez eſtant multipliees par R, D par R +S par A ſera
egal à B par R +R par A. Et l'æquation eſtant ordonnee D par R $===$ B par R , ſera egal à R par
A $===$ S par A.

D'où il apparoiſt que comme R $===$ S eſt à R,
ainſi D eſt à A $===$ B.

Ou bien le defaut du ſecond ſoit E, donc D +E
ſera le coſté iuſte : or dautant que comme S eſt à R,
ainſi E à $\frac{R\ par\ E}{S}$ donc $\frac{R\ par\ F}{S}$ ſera le defaut du premier :
C'eſt pourquoy $\frac{B+R\ par\ F}{S}$ ſera auſsi le vray & iuſte
coſté, & partant ſera egal à D +E. Et toutes les
quantitez eſtant multipliees par S, B par S +R par E,
ſera egal à D par G +S par E, & l'æquation eſtant
ordonnee D par S $===$ B par S, ſera egal à R par
E $===$ S par E.

D'où il apparoiſt que comme R $===$ S eſt à S,
ainſi D eſt à E $===$ B.

Tellement que deux coſtez moindres que le iuſte
eſtant donnez, auec la raiſon des defauts, le vray &
iuſte coſté ſe treuuera. Car

*Comme la difference des defauts ſemblables eſt au
defaut ſemblable du premier ou ſecond coſté, ainſi la
vraye difference des coſtez defaillants, qu'il l'eſt auſſi
des defauts, eſt au vray defaut du premier ou ſecond*

costé: lequel defaut estant adjousté suiuant l'exigence du cas, l'on a le vray & juste costé.

Soit B 76. D 4. R 1. S 4. A fait 24. E 96.

Autrement.

DEux costez moindres que le iuste estant donnez, auec la raison des defauts treuuer le vray & iuste costé.

Soient les deux costez defaillants du iuste, le premier B, le second D, & la raison donnee du defaut du premier au defaut du second, comme R à S, il faut treuuer le iuste costé.

Soit iceluy A, partant A---B sera le defaut du premier, & A---D le defaut du second: & pource que A---B est à A---D, comme R est à S, R par A---R par D, sera egal à S par A---S par B, & la transposition estant faite suiuant que l'art le requiert, S par A $=$ R par A, sera egal à R par B $=$ R par D, partant $\frac{S\,par\,B = R\,par\,D}{S = R}$ est egal à A.

Tellement que deux costez moindres que le iuste estant donnez, auec la raison des defauts, le vray & iuste costé se treuuera; attendu que

La difference d'entre le rectangle soubs le premier

coſté defaillant, & ſoubs le ſemblable defaut du ſecond: Et le rectangle ſoubs le ſecond coſté defaillant,
& ſoubs le ſemblable defaut du premier, appliqué à la
difference des defauts ſemblables, donne le vray & iuſte
coſté requis.

Soit B 76. D 4. R 1. S 4. A fait 100.

ZETETIQVE V.

DEux coſtez plus grands que le iuſte
eſtans donnez, & la raiſon des excés
treuuer le vray & iuſte coſté.

Soient les deux coſtez plus grands que le iuſte: le
premier B, le ſecond D, & la raiſon donnee de l'excés du premier à l'excés du ſecond, comme R à S, il
faut treuuer le vray & iuſte coſté.

L'excés du premier ſoit A, donc B---A ſera le
coſté requis: Or dautant que comme R eſt à S, ainſi
A eſt à $\frac{\text{S par A}}{\text{R}}$ donc $\frac{\text{S par A}}{\text{R}}$ ſera l'excés du ſecond; C'eſt
pourquoy $\frac{\text{D---S par A}}{\text{R}}$ ſera auſsi le vray & iuſte coſté,
partant egal à B---A. Et toutes les quantitez eſtant
multipliees par R, D par R---S par A ſera egal à B
par R---R par A. Et l'æquation eſtant ordonnee D
par R $=$ B par R, ſera egal à S par A $=$ R par A.

D'où il resulte que comme S ⸺ R est à R, ainsi D ⸺ A est à A.

Ou bien l'excés du second soit E, donc D---E sera le vray & iuste costé, ou parce que comme S est à R. ainsi E est à $\frac{R\ par\ E}{S}$, donc $\frac{R\ par\ E}{S}$ sera l'excés du premier; C'est pourquoy B---$\frac{R\ par\ E}{S}$ sera aussi le vray & iuste costé. partant egal à D---E. Et toutes les quantitez estant multipliées par S, B par S---R par E, sera egal à D par S---B par E. Et l'æquation estant ordonnee D par S ⸺ B par S, sera egal à S par E---R par E.

D'où il appert que comme S ⸺ R est à S. ainsi D ⸺ B est à E.

Deux costez doncques plus grands que le iuste estans donnez, auec la raison des excés, le iuste costé se treuuera. Car

Comme la difference des excés semblables est à l'excés semblable du premier ou second costé ; ainsi la vraye difference des costez plus grands que le iuste (qui l'est aussi des excés) est au vray excés du premier ou second costé, lequel estant osté des costez plus grands que le iuste, suiuant l'exigence du cas , restera le vray & iuste costé.

Soit B 60. D 40. S 3. R 1. A fait 40. E 120.

Autrement.

DEux coſtez plus grands que le iuſte eſtãt donnez, auec la raiſon des excés treu-uer le vray & iuſte coſté.

Soient derechef les deux coſtez excedant le iuſte, le premier B, le ſecond D, & la raiſon de l'excés du premier à l'excés du ſecond, comme R eſt à S, il faut treuuer le vray & iuſte coſté.

Soit iceluy A, donc B—A ſera l'excés du premier, & D—A l'excez du ſecond. Et pource que B—A eſt à D—A, ainſi que R eſt à S. Et par conſequent R par D—R par A, ſera egal à S par B—S par A. Et la tranſpoſition eſtant faite, ainſi que l'art le requiert, S par A—R par A, ſera egal à S par B—R par D, partant $\frac{S\,par\,B\,-\,R\,par\,D}{S-R}$ ſera egal à A.

Deux coſtez plus grands que le iuſte eſtant don-nez auec la raiſon des excés, le vray & iuſte coſté ſe treuuera, dautant que

La difference d'entre le rectangle ſoubs le premier co-
ſté plus grand, & le ſemblable excés du ſecond coſté : Et
le rectangle ſoubs le ſecond coſté plus grand que le juſte :
Et l'excés ſemblable du premier coſté appliquee à la dif-

ference des excés semblables, donne le vray & juste
costé.

Soit B 60. D 140. S 3. R 1. A fait 20.

ZETETIQVE VI.

DEux costez estant donnez, l'vn moindre
que le iuste, & l'autre plus grand que le
iuste, auec la raison du defaut à l'excés treuuer le vray & iuste costé.

Soient les deux costez donnez, l'vn B moindre
que le iuste, l'autre D plus grand que le iuste, & la
raison du defaut à l'excés soit donnee comme R à S,
il faut treuuer le vray & iuste costé.

Le defaut soit A, donc le vray & iuste costé sera
B+A : Or dautant que comme R est à S, ainsi A est
à $\frac{S \; par \; A}{R}$ donc $\frac{S \; par \; A}{R}$ sera l'excés ; C'est pourquoy
D— $\frac{S \; par \; A}{R}$ sera aussi le vray & iuste costé, & partant
esgal à D+A. Et toutes les quantitez estant multi-
pliees par R, D par R—S par A sera egal à B par
R+R par A. Et l'æquation estant ordonnee R par
A+S par A sera egal à D par R—B par R.

D'où il apparoist que comme S+R est à R, ainsi
D—B est à A.

Ou bien l'excés soit E, partant le costé iuste serā
D—E : Or dautant que comme S est à R, ainsi E est
à $\frac{R\,par\,E}{S}$ donc $\frac{R\,par\,E}{S}$ sera le defaut ; C'est pourquoy
B $+\frac{R\,par\,E}{S}$ sera aussi le vray & iuste costé, qui partant
est egal à D—E. Et toutes les quantitez multipliees
par S, par S $+$ R par E sera egal à D par S—S par
E. Et l'æquation estant ordonnee, R par E $+$ S par E,
sera egal à D par S—B par S.

D'où il appert que comme S $+$ R est à S, ainsi
D $-$ B est à E.

Doncques deux costez, l'vn moindre & l'autre
plus grand que le iuste estant donnez, auec la raison
du defaut à l'excés, le vray & iuste costé se treuuera. Car

Comme l'aggregé du defaut & excés semblable est
au defaut ou excés semblable; , ainsi la vraye difference
du plus grand & du moindre (qui est la somme du vray
defaut & de l'excés) est au vray defaut ou excés, qui
estant adjousté ou soubstrait, suiuant l'exigence du cas,
l'on a le vray & iuste costé requis.

Soit B 60. D 180. R 1. S 3. A fait 20. E 100.

Autrement.

Autrement.

DEux coſtez, l'vn moindre & l'autre plus grand que le iuſte eſtant donnez, auec la raiſon du defaut à l'excés, treuuer le vray & iuſte coſté.

Soient derechef les deux coſtez donnez, l'vn B moindre que le iuſte, l'autre D plus grand que le iuſte, & la raiſon du defaut à l'excés eſtant donnec comme R à S, il faut treuuer le vray & iuſte coſté.

Que ce ſoit A, donc A---B ſera le defaut, & D---A ſera l'excés ; C'eſt pourquoy comme A---B eſt à D---A, ainſi R eſt à S, & R par D---R par A, par conſequent ſera egal à S par A---S par B. Et la tranſpoſition eſtant faite, ainſi que l'art le requiert, S par A ÷ R par A eſt egal à R par D ÷ S par B, partant $\frac{R\ par\ D \div S\ par\ B}{S \div R}$ ſera egal à A.

Doncques deux coſtez, l'vn moindre, l'autre plus grand que le iuſte eſtant donnez, auec la raiſon du defaut à l'excés, le vray & iuſte coſté ſe treuuera. Car

L'aggregé de ce qui eſt fait ſoubs le ſemblable defaut, & le plus grand coſté, & de ce qui eſt fait ſoubs le ſem-

blable excez, & le moindre costé appliqué à l'aggregé de
l'excez & defaut semblable, donnera le vray & juste
costé requis.

Soit B 60. D 180. R 1. A fait 80.

ZETETIQVE VII.

Diuiser le costé donné en deux parties
telles que certaines parts & portions limitees de l'vne des parties, estant adioustees
à certaines parts & portions de l'autre partie, soient egalles à la somme donnee.

Soit B le costé donné qu'il faut diuiser en deux parties, telles que les portions de la premiere partie, qui
est au total la raison de D à B, adioustees aux portions de l'autre partie, qui ayent à leur total la raison
de F à B, soient egalles à H.

La portion que la premiere partie doit contribuer
soit A, doncques la portion de la secóde sera H---A.
Et dautant que D est à B, ainsi que A est à $\frac{B \ par \ A}{D}$ partant $\frac{B \ par \ A}{D}$ sera le total de la premiere partie : d'autre
costé parce que comme F est à B, ainsi H---A est à
$\frac{B \ par \ H --- B \ par \ A}{F}$ partant $\frac{B \ par \ H --- B \ par \ A}{F}$ sera le total de la
seconde partie. Or les deux parties sont egalles au

cofté entier, doncques $\dfrac{\text{B par A}}{\text{D}} + \dfrac{\text{B par H} - \text{B par A}}{\text{F}}$ fera egal à B.

C'eft pourquoy l'æquation eftant ordonnee, c'eft à fçauoir toutes les quantitez eftát multipliees par D & par F, & diuifees par B, & la tranfpofition eftant faite ainfi qu'il eft requis, fi d'auenture les portions dont D eft le numerateur font plus grandes que celles dont F eft le numerateur, $\dfrac{\text{H par D} - \text{F par D}}{\text{F} - \text{D}}$ fera egal à A.

D'où il s'enfuit que D—F eft à H---F, ainfi D eft à A.

Ou bien la portion qui fe doit contribuer par la feconde partie, pour H foit E, doncques la portion que la premiere partie doit fournir fera H---E, & dautant que comme F eft à B, ainfi E eft à $\dfrac{\text{B par E}}{\text{F}}$ partant $\dfrac{\text{B par E}}{\text{F}}$ fera le total de la feconde partie. Et dautant que comme D eft à B, ainfi H---E eft à $\dfrac{\text{B par H} - \text{B par E}}{\text{D}}$ $\dfrac{\text{B par H} - \text{B par E}}{\text{D}}$ fera le total de la feconde partie. Or eft-il que lefdites deux parties font efgalles au cofté propofé, à diuifer doncques $\dfrac{\text{B par E}}{\text{D}}$ $\dfrac{\text{B par H} - \text{B par E}}{\text{D}}$ feront egaux à B, partant l'æquation eftant ordonnee, fçauoir eft toutes les quantitez eftát multipliees par F & par D, & diuifees par B, la tranfpofition eftant faite ainfi qu'il eft de raifon, fi d'auenture les portions defquelles D eft le numera-

teur font plus grandes que celles defquelles F eft le
numerateur D par $\frac{E - H\,par\,F}{D - F}$ fera egal à E, d'où il eft
euident que comme D---F eft à D---H, ainfi F eft
à E.

Doncques les parties des portions eftant donnees,
icelles parties font pareillement donnees, fçauoir
$\frac{E\,par\,A}{D}$ fera la premiere, & $\frac{D\,par\,E}{E}$ la feconde.

Tellement que l'on peut diuifer vn cofté donné en
telle forte, que les portions limitees de l'vne des parties eftant adiouftees aux parties limitees de l'autre
partie, feront egalles à certaine fomme donnee.
Car

*Le cofté eftant diuisé felon la raifon des portions que
chacune des parties requifes doit contribuer. Comme*

*Les parties femblables qui fe doiuent contribuer par la pre-
miere partie (car la premiere partie en doit contribuer de plus
grandes que la feconde) moins les portions femblables qui fe doiuent contribuer par la feconde.*

*Sont aux portions femblables qui fe doiuent contribuer par la
premiere partie.*

*Ainfi la fomme prefcrite des parties limitées qui fe doiuent
contribuer par la premiere partie, moins les portions femblables
qui fe doiuent fournir par la feconde partie.*

Eft à la vraye portion que la premiere partie doit contribuer.

Ou bien

Comme les portions semblables qui se doiuent contribuer par la premiere partie, moins les parties semblables qui se doiuent contribuer par la seconde partie.

Sont aux portions semblables qui se doiuent contribuer par la seconde partie.

Ainsi les portions semblables fournies par la premiere partie, moins la somme des portions limitées.

Sont à la vraye portion qui se doit fournir par la seconde partie.

Soit B 60. D 20. F 12. H 14. composee de A & E. A fait 5. E 9.

Or il est certain que la somme des portions H qui est limitee, doit estre moyenne entre D & F, sçauoir celle-la plus petite, & celle-cy plus grande, comme icy 14. est plus petit que 20. & plus grand que 12.

ZETETIQVE VIII.

Diuiser le costé donné en deux parties, telles que certaines portions de la premiere partie, ostees de certaines parts & portions de la seconde partie, égallent la difference prescrite.

Soit le costé donné B, qu'il faille diuiser en deux parties, telles que la portion de la premiere partie, ayant au total de la mesme partie la raison de D à B, ostees de la portion de la seconde partie, qui est au total de la mesme seconde partie, la raison de F à B, ce qui restera soit egal à H; Il faut prendre garde que la diuision sera grandement differente, si les plus grandes portions se doiuent prendre sur la premiere, que non pas si c'estoit sur la seconde partie, encore toutesfois qu'en l'vn ou l'autre cas le procedé soit entierement semblable.

Soient doncques les portions, dont D est le numerateur, plus grandes ou plus petites que celles dont B est le numerateur, & que la portion qui se doit contribuer par la premiere partie soit A, donc la portion qui se doit côtribuer par la seconde, sera A---H,

& parce que comme D est à B, ainsi A est à $\frac{B\,par\,A}{D}$ donc $\frac{B\,par\,A}{D}$ sera la premiere partie: Pareillemét pource que comme F est à B, ainsi A---H est à B par A—B par H, B par A---B par H sera la seconde partie. Or ces deux parties sont egalles au costé B entier, doncques $\frac{B\,par\,A}{D} + \frac{n\,par\,A\,-\,n\,par\,H}{F}$ sera egal à B, & l'æquation estant ordonnee D par F $\frac{+D\,par\,H}{D+F}$ sera egal à A.

D'où il appert que D+F est à F+H, ainsi que D est à A.

D'autre costé la portion qui se doit contribuer par la moindre partie, soit A---H, partant elle demeurera si on oste H de $\frac{F\,par\,D\,+\,H\,par\,D}{D+F}$ qu'icelle donc soit E, partant D par F---H par F sera egal à E, d'où il est euident que comme D+F est à D---H, ainsi F est à E. Or les portions des parties estant donnees, les touts, sçauoir les parties seront donnees, desquelles $\frac{D\,par\,A}{D}$ est la premiere, & $\frac{B\,par\,E}{F}$ la seconde.

Tellement que lon peut diuiser vn costé en telle sorte, que certaines parts & portions de la premiere partie, ostees de certaines parts & portions de la seconde partie, restent egalles à la difference prescrite. Car

Le costé donné estant couppé selon la raison des por-tions qui se doiuent contribuer par les parties requises
Comme

Les portions semblables qui se doiuent prendre sur la premie-
re & seconde partie.

Sont à la difference des portions semblables qui se doiuent
fournir par la seconde partie.

Ainsi les portions semblables qui se doiuent prendre sur la
premiere partie.

Sont aux vrayes portions qui se doiuent fournir par la pre-
miere partie.

Ou bien

Comme les portions semblables qui se doiuent fournir, tant
par la premiere que par la seconde partie.

Sont aux portions semblables qui se doiuent contribuer par la
premiere partie, moins la difference prescrite des portions re-
quises.

Ainsi les semblables portions qui se doiuent prendre sur la se-
conde partie.

Sont aux vrayes portions à prendre sur la seconde partie.

Soit B 84. D 28. F 21. H 7. A fait 16. E 9.

Or il apparoist que H qui est la difference des
portions requises, doit estre prescrite telle, qu'elle
soit plus petite que les portions dont D est le numerateur, & qui se doiuent prendre sur la premiere partie qui doit exceder, suiuant la supposition, soit qu'i-
celles portions soient plus grandes ou plus petites

que

que celles qui se doiuent fournir par la seconde partie, comme au dernier cas 7. est plus petit que 21.

ZETETIQVE IX.

TReuuer deux costez dont la difference soit celle qui est prescrite, & de plus que certaines parts & portions du premier costé, adjoustées à certaines parts & portions de l'autre costé, égallent la somme prescrite.

Que B soit la difference donnee de deux costez, & qu'il faille que la portion du premier d'iceux, ayāt à son total la raison de D à B, adioustee à la portion du second costé, ayant à son total la raison de F à B, soit egalle à la somme donnee H, & qu'il faille treuuer les deux costez ou le premier costé est le plus grand ou le plus petit : que s'il est le plus grand, & que la portion qu'il contribuë soit A, donc la portion que le second contribuera sera H---A, & dautant que comme D est à B, ainsi A est à $\frac{\text{B par A}}{\text{D}}$. $\frac{\text{B par A}}{\text{D}}$ sera le plus grand costé.

Derechef parce que comme F est à B, ainsi H---A est $\frac{\text{B par H} \text{---} \text{B par A}}{\text{F}}$. $\frac{\text{B par H} \text{---} \text{B par A}}{\text{F}}$ sera le plus petit costé; C'est pourquoy $\frac{\text{B par A}}{\text{D}} \text{----} \frac{\text{B par H} \text{---} \text{B par A}}{\text{F}}$ sera egal à B, &

H

l'æquation eſtant ordonnee, $\frac{D\,par\,F\,+\,D\,par\,H}{F\,+\,D}$ ſera egal
à A.

D'où il appert que comme F+D eſt à F+H, ainſi
D eſt à A. Maintenant parce que la portion qui ſe
doit contribuer par le ſecond coſté eſt H---A, pour
ceſte cauſe ceſte meſme portion reſtera de _H_ en
ayant ſoubſtrait $\frac{F\,par\,D\,+\,H\,par\,D}{F\,+\,H}$

Que ceſte meſme portion ſoit E, donc $\frac{H\,par\,F\,-\,D\,par\,F}{F\,+\,D}$
ſera egal à E : D'où il appert que comme F+D eſt à
D---_H_, ainſi F eſt à E.

Au ſecond cas, que la portion qui ſe doit contribuer par le premier coſté ſoit la plus petite, doncques la portion qui ſe doit contribuer par le ſecond
coſté ſera H---E : & dautant que _H_ eſt à B, comme
E eſt à $\frac{B\,par\,E}{F}$. $\frac{B\,par\,E}{F}$ ſera le ſecond & plus grand coſté
par identité de raiſon, par ce que D eſt à B comme
_H_---E eſt à $\frac{B\,par\,H\,-\,B\,par\,E}{D}$. $\frac{B\,par\,H\,-\,B\,par\,E}{D}$ ſera le premier &
moindre : C'eſt pourquoy $\frac{B\,par\,E\,+\,B\,par\,H\,-\,B\,par\,E}{D}$ ſera egal
à B, & l'egalité eſtant ordonnee $\frac{F\,par\,H\,-\,F\,par\,D}{D\,+\,F}$ ſera egal
à E : d'où il eſt manifeſte que cóme D+F eſt à _H_+D,
ainſi F eſt à E. Or dautant que la part & portion qui
ſe doit fournir par le premier coſté eſt _H_---E, ce qui
reſtera de _H_ en oſtant $\frac{H\,par\,E\,+\,D\,par\,F}{F\,+\,D}$ ſera egal à E.

Que ceſte meſme poſition ſoit A, doncques

$\frac{H\ par\ D - F\ par\ D}{F + D}$ fera egal à A

D'où il f'enfuit que comme $F + D$ eft à $H - F$, ainfi D eft à A.

Les portions eftant donnees, les coftez entiers font donnez, car $\frac{B\ par\ A}{D}$ eft le premier cofté, $\frac{B\ par\ F}{F}$ le fecond.

Doncques l'on treuue deux coftez defquels la difference eft celle qui eft prefcrite, & d'auantage les parts & portiós de l'vn d'iceux, adiouftees aux parts & portions limitees de l'autre cofté, font egalles à la fomme prefcrite. Car

La difference prefcrite eftant diuifée felon la raifon de portions femblables qui fe doiuent contribuer par les deux coftez. Comme

Les parts & portions qui fe doiuent contribuer par le plus grand & plus petit cofté.

Sont à la fomme prefcrite des portions qui fe doiuent fournir par les deux coftez, plus les parts & portions femblables du plus petit cofté.

Ainfi les parts & portions femblables qui fe doiuent fournir par le plus grand cofté.

Sont aux parts & portions qui fe doiuent contribuer par le plus grand cofté.

H ij

Ou bien

Comme les parts & portions qui se doiuent contribuer par le plus grand & plus petit costé.

Sont à la somme prescrite des portions que les deux costez ensemble doiuent fournir, moins les parts & portions que le plus grand costé doit contribuer.

Ainsi les semblables parts & portions qui se doiuent fourni par le moindre costé.   *r*

Sont aux vrayes parts & portions qui se doiuent fournir par le plus petit costé.

Que B soit 84. D 28. F 21. *H.* 98. A sera 68. E 30.

Il est tout euident que la somme des parts & portions qui se doiuent contribuer doit estre prescrite telle, qu'elle soit moindre que les parts & portions dont B est le numerateur, & qui se doiuent contribuer par le plus grand costé, comme en l'exemple proposé 98. est plus grand que 28.

ZETETIQVE X.

TRcuuer deux coſtez deſquels la difference ſoit celle qui eſt preſcrite, & qu'en outre certaines parts & portions du premier
coſté, eſtant oſtees de certaines parts & portions du ſecond, ce qui reſtera demeure egal
à la difference qui eſt donnee.

Que B ſoit la difference donnee, & que la portion
du premier coſté ayant au coſté entier la raiſon de B
à D, eſtant diminué de la portion du ſecond coſté,
ayant à ſon total la raiſon de F à B, ſoit egalle à H,
qu'il faille treuuer ſes deux coſtez.

Le premier coſté eſt, ou le plus grand, ou le plus
petit, ſoit que l'on exige d'iceluy des parts & portions plus grandes, que non pas du ſecond, puis que
la meſme choſe arriue de quelque façon que ce ſoit.
Que les parts & portions dont D eſt le numerateur
ſoient les plus grandes qui ſe doiuent fournir par le
plus grand coſté.

Au premier cas, que le premier coſté ſoit céluy ſur
lequel les plus grandes parts & portions ſe doiuent
prendre, & que la part & portion qu'ils doiuent

fournir foit A, donc la part & portion que le fecond
doit fournir fera A---H, affin que la difference des
parts & portions qui fe doiuent fournir foit H, puis
qu'ainfi eft que le premier cofté eft celuy qui excede,
le premier cofté fera $\frac{B\,par\,A}{D}$, le fecond $\frac{B\,par\,A\,---\,B\,par\,H}{F}$,
partant $\frac{B\,par\,A}{D}$---$\frac{B\,par\,A\,---\,B\,par\,H}{F}$ fera egal à B, & l'egalité
eftant ordonnee, fi les parts & portions defquelles F
eft le numerateur, font plus grandes que celles dont
D eft le numerateur, $\frac{F\,par\,D\,---\,B\,par\,D}{F\,---\,D}$ fera egal à A, d'où
il appert que comme F---D eft à F---H, ainfi D
eft à A. Mais puis que la portion que le fecond cofté
doit contribuer eft A---H, cefte mefme portion re-
ftera, fi de H l'on ofte $\frac{F\,par\,D\,---\,D\,par\,H}{F\,---\,D}$

Que cefte mefme portion foit E, doncques
$\frac{F\,par\,D\,---\,F\,par\,H}{F\,---\,D}$ fera egal à E, d'où il s'enfuit que comme F---D eft à D---H, ainfi F eft à E.

Que fi au contraire les parts & portions qui ont
D pour numerateur, font plus grandes que celles qui
ont F pour numerateur, comme D---F eft à H---F,
ainfi D eft à A, & comme D---F eft à H---D, ainfi F
eft à E.

Au fecond cas, que le premier cofté foit le moindre, & que la portion qu'il doit contribuer foit A,
donc la portion que le fecond & plus grand cofté
doit fournir, fera A---H, le premier cofté fera $\frac{B\,par\,A}{D}$,

le second costé sera $\dfrac{B\,par\,A - B\,par\,H}{F}$, donc $\dfrac{B\,par\,A - par\,H - B\,par\,A}{D}$

sera egal à B, & l'æquation estant ordonnee, $\dfrac{F\,par\,D - H\,par\,D}{D-F}$ sera egal à A, d'où il appert que comme D---F est à F+H, ainsi D est à A. Or puis que A---H est la portion que le second & plus grand costé doit fournir, si de $\dfrac{F\,par\,D - H\,par\,D}{D-F}$ l'on oste H, icelle donc est E. Partant $\dfrac{D\,par\,F - H\,par\,F}{D-F}$ sera egal à E, d'où il s'ensuit que comme D---F est à D+H, ainsi F est à E. La suitte du procedé monstre éuidemment que le premier costé en ce second cas doit contribuer vne part & portion plus grande que celles qui se doiuent fournir par le second.

Finallement les portions des costez estant donnees, les costez entiers seront donnez, car $\dfrac{B\,par\,A}{D}$ sera le premier costé, & $\dfrac{B\,par\,t}{F}$ le second.

Doncques l'on a trouué deux costez, desquels la difference est celle qui est prescrite, & de plus certaines parts & portions de l'vn, soubstraites de certaines parts & portions du second, sont egalles à la difference proposee. Car

En diuisant la difference des costez qui est proposee se-
ion la raison des portions qui se doiuent fournir par les
costez, si le premier costé est le plus grand des deux, &
que la portion que l'on exige de luy soit la plus grande.
Comme

Les portions semblables qui se doiuent contribuer par le premier costé, moins les portions semblables qui se doiuent fournir par le second.

Sont à la difference des portions qui est prescrite, moins la portion semblable qui se doit fournir pour le second.

Ainsi sera la portion semblable qui se doit fournir par le premier costé.

Aux portions semblables qui se doiuent fournir par le premier costé.

Ou bien

Comme les portions semblables qui se doiuent fournir par le premier costé, moins les portions semblables qui se doiuent fournir par le second costé.

Sont à la difference des portions qui est prescrite, moins les portions semblables qui se doiuent fournir par le premier costé.

Ainsi les portions semblables qui se doiuent fournir par le second costé.

Sont à la vraye portion qui se doit contribuer par le second costé.

Que si l'on exige du premier & plus grand costé des parts & portions moindres, les mesmes analogies ont lieu en renuersant seulement les signes de moins.

Mais alors que le premier costé duquel les parts & portions souffrent la diminution portee par la question,

ſtion, eſt le moindre des coſtez cherchez, il eſt tres-certain qu'il doit fournir de plus grandes parts & portions, & il arriue ainſi que. Comme

Les portions ſemblables qui ſe doiuent contribuer par le premier coſté, moins les portions ſemblables qui ſe doiuent fournir par le ſecond coſté.

Sont aux parts & portions qui ſe doiuent fournir par le ſecond coſté, plus la difference preſcrite des portions qui ſe doiuent enſemblement contribuer.

Ainſi les parts & portions qui ſe doiuent fournir par le ſecond coſté.

Sont aux parts & portions qui ſe doiuent fournir par le ſecond coſté.

Ou bien

Comme les portions ſemblables qui ſe doiuent fournir par le premier coſté, moins les portions ſemblables qui ſe doiuent fournir par le ſecond coſté.

Sont aux portions ſemblables qui ſe doiuent fournir par le ſecond coſté, plus la difference preſcrite des portions qui ſe doiuent fournir enſemblement.

Ainſi les portions qui ſe doiuent fournir par le premier coſté.

Sont aux vrayes portions qui ſe doiuent fournir par le premier coſté.

En fin il y à trois cas. Le premier eſt, quand le premier coſté, ſçauoir eſt celuy duquel les portiós ſouf-

I

frent la diminution portée par la queſtion, eſt le plus
grand des deux coſtez, & qu'il doit fournir les plus
grandes parts & portions.

Le ſecond cas, quand le meſme coſté eſt le plus
grand, & que l'on exige de luy les plus petites parts
& portions.

Le troiſieſme eſt, quand le meſme premier coſté
eſt le moindre des deux coſtez, & que l'on exige de
luy les plus grandes parts & portions, car on ne peut
pas en exiger les plus petites.

Au premier cas, il faut que H ſoit preſcripte telle,
qu'elle ſoit plus grande que les parts & portiós ſemblables du premier ſegment, & par conſequent plus
grandes que les parts & portions dont F eſt le numerateur.

Au ſecond cas, il faut qu'elle ſoit moindre que
celle dont D & F ſont les numerateurs.

Au troiſieſme cas, H eſt ou moindre ou plus grãde que les parts & portions dont D ou F ſont les numerateurs ; partant ce troiſieſme cas peut n'eſtre aucunement differend du premier ou du ſecond.

Que B ſoit 12. la difference des deux coſtez D 4.
F 3. H 9. la difference de laquelle A excede F, parce
que H eſt plus grande que D ou F, & $\frac{B\,par\,A}{D}$ eſt le premier & plus grand coſté, ou le plus petit.

Premierement s'il est plus grand, A fait 24. E 15. & $\frac{B\,par\,A}{D}$ est 72. le premier & plus grand costé, $\frac{B\,par\,E}{F}$ fait 60. le second & plus petit costé ; & la difference de ces deux costez est B , celle qui est prescrite.

Secondement $\frac{B\,par\,A}{D}$ soit le moindre costé, A fait 48. E 39. & $\frac{B\,par\,A}{D}$ 144. $\frac{B\,par\,E}{F}$ 156. & la difference prescrite entr'eux est B.

Derechef soit premierement B 48. la difference des deux costez soit 16. F 12. H 10. la difference de laquelle A surpasse E, parce que H est plus petit que D ou F, & que D est plus grand que F, il est necessaire que $\frac{B\,par\,A}{D}$ soit le moindre costé, & $\frac{B\,par\,E}{F}$ le plus grand costé: Et en ceste façon A fait 88. E 78. & $\frac{B\,par\,A}{D}$ 264. $\frac{B\,par\,F}{F}$ 312. & leur difference B celle qui est prescrite.

Secondement, ou bien D soit 12. F 16. si B est 48. H 10. il est necessaire que $\frac{B\,par\,A}{D}$ soit le plus grand costé, & par ainsi A est 18. E 8. & $\frac{B\,par\,A}{D}$ 72. & $\frac{B\,par\,F}{F}$ 24. quoy faisant la difference est B celle qui est prescrite.

F I N.

LE SECOND LIVRE
DES ZETETIQVES.

ZETETIQVE PREMIER.

LE rectangle fous les coftez eftant
donné, & la raifon des coftez, treuuer les coftez.

Les coftez au nombre plurier fans aucune reftri-
ction, s'entend feullement de deux en nombre.

Soit donc B plan, le rectangle donné fous les coftez, defquels la raifon du plus petit au plus grand
foit auffi donnee, comme de R à S, il faut treuuer
les coftez.

I iij

Le plus grand costé soit A, or dautant que comme S est à R., ainsi A est à $\frac{R\ par\ A}{S}$, partant $\frac{R\ par\ A}{S}$ sera le plus petit costé : donc le plan qui est fait sous les costez sera $\frac{R\ par\ A\ quarre}{\ }$, & partant egal au plan donné, sçauoir B plan. Toutes les quantitez estant multipliees par S, R par A quar. sera egal à S par B plan : parquoy l'equation estant reduitte à l'analogisme, ou resoluë es termes proportionaux qui la constituent, comme R est à S, ainsi B plan est à A quar.

Autrement le plus petit costé soit E, or dautant que comme R est à S, ainsi E est à $\frac{S\ par\ E}{R}$: donc $\frac{S\ par\ E}{R}$ sera le plus grand costé, partant le rectangle sous les costez sera $\frac{S\ par\ E\ quarre}{R}$, par consequent egal à B plan : Et toutes les quantitez estant multipliees par R, S par E quar. sera egal à R par B plan ; partant l'equation estant resoluë à l'analogisme, comme S est à R, ainsi B plan est à E quar.

Donc vn plan qui est fait sous les costez estant donné auec la raison des costez, l'on treuuera les costez. Car

Comme le premier costé semblable, est au second costé semblable plus grand ou plus petit, ainsi le rectangle sous les costez est au quarré du second costé, le plus grand ou le plus petit.

Soit B plan 20. R 1. S 5. A N. 1 Q. est egal à 100.

Ou soit E 1 N. 1 Q est egal à 4.

ZETETIQVE II.

LE rectangle fous les coftez, & l'aggregé des quarrez eftant donné, l'on treuuera les coftez.

Car le double du plan fous les coftez adjoufté à l'aggregé des quarrez, eft egal au quarré de la fomme des coftez, & eftant ofté eft egal au quarré de la difference.

Comme il apparoift par la conftitution originaire du quarré, or la difference des deux coftez, & la fomme d'iceux eftant dónee, les coftez ferót dónez.

Soit 20. le rectangle fous les coftez, & que l'aggregé de leurs quarrez faffe 104. la fomme des coftez foit 1 N. 1 Q. eft egal à 144. ou la difference eft 1 N. 1 Q. eft egal à 64.

ZETETIQVE III.

LE rectangle fous les coftez eftant donné, & la difference des coftez, l'on treuuera les coftez.

Car le quarré de la difference des coftez adjoufté au quadruple rectangle fous les coftez, eft egal au quarré de l'aggregé des coftez.

Car comme il a defia efté dit, le quarré de l'aggregé des coftez, moins le quarré de la differéce, eft egal au quadruple rectágle fous les coftez, ce qui fe verifie

Par la seule antithese: pour le surplus la difference de
deux costez, & leur somme estant donnee, chacun
d'iceux est donné.

Soit 20. le rectangle sous les deux costez, desquels
la difference est 8. la somme des costez sera 1 N. & 1.
Q. est egal à 144.

ZETETIQVE IV.

EStant donné le rectangle sous les costez,
& l'aggregé des costez, l'on treuuera les
costez.

Car le quarré de l'aggregé des costez, moins le qua-
druple rectangle sous les costez, est egal au quarré de la
difference des costez.

Comme derechef il peut apparoir du theoreme
precedent par la seule transposition.

Soit 20. le rectangle sous les deux costez, desquels la somme est 12. la difference des costez soit 1
N. 1 Q. est egal à 64.

ZETE-

ZETETIQVE V.

LA difference des coſtez eſtant donnée, &
l'aggregé des quarrez, on treuuera les
coſtez.

*Car le double de l'aggregé des quarrez, moins le quarré
de la difference des coſtez, eſt egal au quarré de l'aggregé
des coſtez.*

Car comme il eſt deſia dit, le quarré de l'aggregé
des coſtez, plus le quarré de la difference eſt egal au
double de l'aggregé des quarrez : ce qui ſe montre
par la ſeule tranſpoſition.

Soit 8 la difference des coſtez, l'aggregé des quarrez 104. la ſomme des coſtez ſoit 1 N. 1 Q eſt egal à
144.

ZETETIQVE VI.

L'Aggregé des coſtez, & l'aggregé des
quarrez eſtant donné, on treuuera les
coſtez.

*Car le double de l'aggregé des quarrez, moins le quar-
ré de l'aggregé des coſtez, eſt egal au quarré de la difference des coſtez.*

K

Comme derechef il se peut clairement tirer du theoreme precedent, & preuuer par la seulle transposition.

Soit l'aggregé des costez 12. l'aggregé des quarrez 104. la difference des costez soit 1 N. 1 Q est egal à 64.

ZETETIQVE VII.

LA difference des costez estant donnée, & la difference des quarrez, l'on treuuera les costez.

Car la difference des quarrez, appliquee à la difference des costez, donnera la somme des costez.

Dautant que comme il a esté dit, la difference des costez multipliee par l'aggregé des costez, produict la difference des quarrez ; Et il est certain d'autre part que la diuision resoult ce que la multiplication a composé.

Soit sur la difference des costez 8, la difference des quarrez 96. la somme des costez fait 12. c'est pourquoy le plus grand costé est 10. & le plus petit 2.

ZETETIQVE VIII.

LA somme des costez, & la difference des quarrez estant donnée, l'on treuuera les costez.

Car la difference des quarrez, appliquee à la somme des costez, donne la difference des costez.

Comme il se void clairement par le precedent theoreme.

Soit la somme des costez 12. la difference des quarrez 96. la difference des costez fait 8. partant le plus grand costé est 10. le plus petit 2.

ZETETIQVE IX.

LE rectangle sous les costez estant donné, & la difference des quarrez, treuuer les costez.

Soit B plan, le rectangle sous les costez qui est donné.

K ij

Soit aufſi D la difference des quarrez donnée, il faut treuuer les coſtez, l'aggregé des coſtez ſoit A plan, doncques le quarré de la ſomme des coſtez ſera A plan + 2 B plan, & celuy de la difference A plan — 2 B plan, ou la ſomme des coſtez multipliee par la difference, produit la difference des quarrez, multipliee par ſoy meſme : partant A plan plan — 4 B plan plan ſera egal à D plan plan ; & par l'anthi-theſe ou tranſpoſition, A plan plan ſera egal à D plan plan + 4 B plan plan : de plus l'aggregé des quarrez & leur difference, ou le rectangle ſous les coſtez eſtant donné, les coſtez ſont donnez.

Doncques le rectangle ſous les coſtez, & la difference des quarrez eſtant donnee, les coſtez ſont donnez. Car

Le quarré de la difference des quarrez, adjouſté au quarré du double rectangle ſous les coſtez, eſt egal au quarré de l'aggregé des quarrez.

Soit B plan 20. D plan 96. A plan 1 N. 1 Q eſt egal à 1081.

ZETETIQVE X.

LE plan composé tant du rectangle sous
les costez, que des quarrez de chacun des
costez, estant donné auec vn des costez, le
costé qui reste sera donné.

*Car du plan qui est composé, tant du rectangle sous les
costez, & des quarrez de chacun des costez, les trois
quarts du quarré du costé donné estant ostez, ce qui reste
sera egal au quarré du costé composé du costé requis, &
de la moitié du costé donné.*

Soit B plan 124. D 2. A 1 N. 1 Q est egal à 121. partant R 121 — 1 est le costé cherché.

Ou bien B plan soit 124. D 10. A 1 N. 1 Q est egal
à 49. partant R 49 — 5 est le costé cherché.

ZETETIQVE XI.

LE plan composé tant du rectangle sous
les costez, que des quarrez de chacun
des costez, estant donné auec la somme des
costez, treuuer les costez.

Le plan donné ſoit B plan , contenant tant le rectangle ſous les coſtez, que les quarrez de chacun des
coſtez.

De plus que la ſomme des deux coſtez qui eſt donnee ſoit G, & qu'il faille treuuer les coſtez.

Que A plan ſoit le rectangle ſous les coſtez , puis
que le quarré de la ſomme des coſtez eſt egal au
quarré de chacun des coſtez, plus le double rectangle ſous les coſtez ; il s'enſuit que G quarré eſt egal à
B plan ⊢ A plan , & la tranſpoſition eſtant parfaitte,
G quarré ⊢ B plan ſera egal à A plan.

Or la ſomme des coſtez, & le rectangle ſous les
coſtez eſtant donné , les coſtez ſont donnez.

Doncques le plan contenant, tant le rectangle ſous
les coſtez, que les quarrez de chacun des coſtez eſtât
donné, & d'abondant la ſomme des coſtez eſtant
donnee, l'on treuuera les coſtez. Car

*Du quarré de la ſomme des coſtez , oſtant le plan ſuſ-
dit , reſte le rectangle ſous les coſtez.*

Soit B plan 124. G 12. A plan fait 20. partant le
quarré de la difference des coſtez ſera 64. partant
12 ⊢ ℞ 64. fait le double du plus grand coſté, &
12 ⊢ ℞ 64. fait le double du plus petit coſté.

ZETETIQVE XII.

LE plan contenant, tant le rectangle sous
les coſtez, que le quarré de chacun des
coſtez, & d'abondant le meſme rectangle
eſtant ſéparement donné, l'on treuuera les
coſtez.

Car le plan composé, adjouſté au rectangle ſous les coſ-
ſteZ, ſera egal au quarré de la ſomme des coſteZ. Ainſi
qu'il parʒiſt par la démonſtration du theoreme, du Zete-
tique prʒcedent.

Que 124. ſoit le plan, comprenant le rectangle
ſous les coſtez, & les quarrez de chacun des coſtez,
& que le meſme rectangle ſous les coſtez ſoit 20. la
ſomme des coſtez 1 N. 1 Q ſera egal à 144. duquel
ayant oſté le quadruple de 20. reſtera 64. le quarré
de la difference des coſtez, partant ℞ 144. + ℞ 64.
fait le double du plus grand coſté, ℞ 144. — ℞ 64. le
double du plus petit coſté.

ZETETIQVE XIII.

L'Aggregé des quarrez eſtant donné auec leur difference, rreuuer les coſtez.

Soit D pl. l'aggregé des quarrez qui eſt donné, & que leur difference ſoit B pl. il faut treuuer les coſtez.

Doncques le double du quarré du plus grand coſté ſera D pl. + B pl. ſelon qu'il a deſia eſté dit. Mais le double eſtant donné, le ſimple ſera donné, & les quarrez eſtant donnez, les coſtez des quarrez ſeront donnez. Comme de fait, il n'eſt beſoin pour le regard d'autre ſorte de demonſtration, veu que ce qui a eſté dit des coſtez, ſe peut tirer ſans aucune difficulté à toutes ſortes de quantitez ſimples.

Soit D pl. 104. B pl. 96. le plus grand coſté 1 N. 1 Q eſt egal à 100.

Soit le plus petit coſté 1 N. 1 Q eſt egal à 4.

ZETE

ZETETIQVE XIV.

LA difference des cubes estant donnee,
auec leur aggregé, treuuer les costez.

Que B solide soit la difference des cubes qui est
donnee, D solide pareillement l'aggregé d'iceux
qui est donné, il faut treuuer les costez.

Doncques le double du cube du plus grand costé
sera D solide $+$ B solide, le double du cube du plus
petit sera D solide $-$ B solide, seló qu'il est desia dit
en parlant des costez, & que de rechef il en a esté
baillé vn exemple és quarrez ou il a esté monstré que
cela est commun à toutes sortes de grandeurs, parquoy le double estant donné, le simple le sera pareillement, & les cubes estant donnez les racines le seront consequemment, de telle sorte que ceste proposition ne merite pas d'estre appellee Zetetique.

Soit B solide 316. D solide 370. le plus grand costé
1 N, 1 C est esgal à 343.

Soit le plus petit costé 1 N 1. C est esgal a 27.

L

ZETETIQVE XV.

LA difference des cubes eſtant donnée,
auec le rectangle ſous les coſtez, l'on
treuuera les coſtez.

Car le quarré de la difference des cubes, plus le
quadruple cube du rectangle ſous les coſtez, eſt egal
au quarré de l'aggregé des cubes. Car
*Comme il a déſia eſté dit, le quarré de l'aggregé des
cubes, moins le quarré de la difference, eſt egal au quadruple cube du rectangle, & n'eſt beſoin que de la ſeulle
antitheſe.*

Soit la difference des cubes 3̄16. le rectangle ſous
les coſtez 21. l'aggregé des cubes 1 N. 1 C eſt egal à
136900. partant le double du plus grand cube ſera R̥
de 136900 +316. le double du plus petit R̥ 136900 —
316.

ZETETIQVE XVI.

L'Aggregé des cubes, & le rectangle fous les coftez eftant donné, l'on treuuera les coftez.

Car le quarré de l'aggregé des cubes, moins le quadruple du cube du reEtangle fous les coftez, eft egal au quarré de la difference des cubes.

Comme il eft éuident par l'operation de cy deffus, & par l'antithefe.

Soit 370. l'aggregé des cubes, le rectangle fous les coftez 21. la difference des cubes 1 N. 1 Q eft egal à 99256.

ZETETIQVE XVII.

LA difference des coftez, & la difference des cubes eftant donnée, treuuer les coftez.

Soit la difference des coftez donnée B; Et D folide la difference des cubes, il faut treuuer les coftez.

La fomme des coftez foit E doncques E -+ B fera
le double du plus grand cofté , E — B le double du
plus petit.   Or la difference des cubes eft 6 B par E
q. -+ 2 B cube & par confequent efgal à 8 D folide,
c'eft pourquoy $\frac{\text{8 fol. — B cube}}{3 \text{ B}}$ eft efgal à E quarré. Or le
quarré eftant donné le cofté le fera pareillement, Et
la difference & la fomme des coftez eftant donnez
les coftez le feront aufsi.

Eftant doncques donnee la difference des coftez,
& la difference des cubes, on treuuera la fomme
des coftez. Car.

*Le quadruple de la difference des cubes moins le cube.
de la difference des coftez, appliqué au triple de la difference des coftez , produira le quarré de l'aggregé des
coftez.*

Soit B 6. D folide 504. la fomme des coftez 1 N 1
Q eft efgal à 100.

Z E T E T I Q V E   XVIII.

LA fomme tant des coftez que des cubes
eftant donnee, treuuer les coftez.

Soit la fomme des coftez donnee B, & D folide
la fomme des Cubes il faut treuuer les coftez.

La difference des coftez·foit E doncques B+E eft le double du plus grand cofté & B—E le double du plus petit; partant la fomme des cubes eft 2 B C—6 B par E quarré & par confequent egal à 8 D folide: c'eft pourquoy $\frac{\cdots - \text{!! cube}}{3\,B}$ eft efgal a E quarré.

Or le quarré eftant donné le cofté l'eft pareille-ment, & la fomme des coftez & leur difference eftát donnee, les coftez le font pareillement.

Eftant donc donnee la fomme des coftez & la fomme des cubes, les coftez feront donnez. Car

Si le quadruble de la fomme des cubes, moins le cube d: la fomme des coftez, eft appliqué au triple de la fomme des coftez, ce qui en prouiendra fera le quarré de la difference des coftez.

Soit B 10. D fol. 370. E 1 N 1 Q eft efgal à 16.

ZETETIQVE XIX.

LA difference des coftez, & la difference des cubes eftant donnee, treuuer les coftez.

Soit la difference des coftez donnee B. foit aufsi pareillement donnee D folide la difference des cu-bes, il faut treuuer les coftez.

Le rectangle fous les coftez foit A plan, puis qu'il
fe void par la conftitution originaire du cube , que fi
de la difference des cubes, on ofte le cube de la difference des coftez, il refte le triple du folide qui eft fait
de la difference des coftez par le rectangle fous les
coftez, partant D folide ─ B cube fera egal à 3 A. pl.
par B, & le tout eftant diuifé par 3 $\frac{D \text{ folide } - B}{3 \text{ B}}$ eft egal
à A plan.

Or le rectangle fous les coftez eftant donné, & la
difference des coftez, les coftez feront donnez.

Partant la difference des coftez , & la difference
des cubes eftant donnee, on treuuera les coftez. Car

*La difference des cubes des coftez eftant oftee du cube
de la difference des coftez , & ce qu'reftera eftant appliqué au triple d'icelle , difference des coftez, ce qui en prouiendra fera le rectangle compris fous les coftez.*

Soit B 4. D folide 316. A plan fait 21. le rectangle
fous les coftez 7. & 3.

Que fi par le moyen de la difference des cubes &
du rectangle fous les coftez, on defiroit cognoiftre la
difference des coftez : Et que par ainfi A plan fut F
plan , & qu'il fut queftion de cognoiftre B en ce cas
que B foit A, l'egalité fubfifteroit toufiours en ces
termes; fçauoir A cube ─ 3 F plan par A egal à D folide. C'eft à dire, que

Le cube de la difference des costez, plus le triple solide prouenant de la multiplication du rectangle sous les costez, par la difference des costez, est egal à la difference des cubes.

Ce qu'il estoit besoin de remarquer.

ZETETIQVE XX.

Derechef l'aggregé des costez, & l'aggregé des cubes estant donné, qu'il faille treuuer les costez.

Soit G l'aggregé des costez qui soit donné, & D solide l'aggregé des cubes, qui soit pareillement donné, qu'il faille treuuer les costez.

Soit A plan le rectangle sous les costez. Or puis qu'il se void par la constitution originaire du cube, qu'en ostant du cube de l'aggregé des costez, l'aggregé des cubes, il reste le triple du solide qui se fait de la multiplication de l'aggregé des costez, par le rectangle sous les costez. Partant $\dfrac{\text{G cube} - \text{D solide}}{3\,\text{G}}$ sera egal à A plan.

Or le rectangle sous les costez, & l'aggregé d'iceux estant donné, les costez sont pareillement donnez.

Donc l'aggregé tant des coſtez que des cubes
eſtant donné, l'on treuuera les coſtez. Car

*Du cube de l'aggregé des coſtez, ſi l'on oſte l'aggregé
des cubes, ce qui reſtera eſtant appliqué au triple du meſme aggregé des coſteʒ, produict le rectangle ſous les coſteʒ.*

Soit G 10. D ſolide 370. A plan fait 21. le rectangle
ſous les coſtez 7 & 3.

Que ſi par le moyen de l'aggregé des cubes & du
rectangle ſous les coſtez on cherchoit l'aggregé des
coſtez, comme ſi A plan eſtoit B plan, en ceſte façon
que G fût A, l'equation ſubſiſteroit en ces termes, A
cube ⏤ 3 B pl. par A egal à D ſolide. C'eſt à dire.

*Le cube de l'aggregé des coſteʒ, moins le triple du ſoli-
de, produit de la multiplication du rectangle ſous les coſteʒ, par l'aggregé des coſteʒ, eſt egal à l'aggregé des cubes.*

Ce qu'il à falu remarquer.

ZETE.

ZETETIQVE XXI.

LEs deux solides, l'vn qui est produict de la multiplication de la difference des co-stez, par la difference des quarrez: l'autre qui est produict de la multiplication de l'aggre-gé des costez , par l'aggregé des quarrez , estant donnez treuuer les costez.

Le premier des solides mentionnez en la propoſi-tion ſoit donné B ſolide, le ſecond D ſolide. Et que la ſomme requiſe des coſtez ſoit A, donc $\frac{B \text{ ſolide}}{A}$ ſera le quarré de la difference des coſtez, & $\frac{D \text{ ſolide}}{A}$ l'aggregé des quarrez. Or le double de l'aggregé des quarrez, moins le quarré de la difference des coſtez, eſt egal au quarré de l'aggregé des coſtez: C'eſt pourquoy $\frac{2 D \text{ ſolide}}{A} - \frac{B \text{ ſolide}}{A}$ ſont egaux à A quarré. Et toutes les quantitez eſtant multipliees par A, 2 D ſolide — B ſolide , ſont egaux à A cube.

Donc les deux ſolides mentionnez en la propo-ſition eſtant donnez, l'on treuuera les coſtez. Car

Du double du ſolide prouenant de la multiplication de l'aggregé des coſtez, par l'aggregé des quarrez, ſi l'on oſte le ſolide prouenant de la multiplication de la diffe-

M

rence des coſtez, par la difference des quarrez, ce qui reſtera eſt egal au cube de l'aggregé des ~~quarrez~~.

Soit B ſolide 32. D ſolide 272. A cube fait 512. donc
la ſomme des coſtez eſt 8. le quarré de la difference
$\frac{12}{3}$. c'eſt à dire 4. Et partant ceſte difference eſt ℞ 4.
partant le plus petit coſté eſt 4. moins la moitié ℞ 4.
& le plus grand eſt 4. plus icelle moitié.

Soit B ſolide 10. D ſolide 20. A cube fait 30. la
ſomme des coſtez ℞ c. 30. le quarré de la difference,
℞ c. $\frac{10}{3}$. autrement ℞ c. $\frac{100}{3}$. tellement qu'icelle difference ſera ℞ cc. $\frac{100}{3}$. partant le plus petit coſté eſt ℞ c.
$\frac{30}{8}$ ℞ cc. $\frac{100}{192}$. le plus grand coſté ℞ c. $\frac{10}{8}$. + ℞ cc. $\frac{100}{192}$.

Cardan pourtant en la queſtion 93. chap. 66. de
l'Arithmetique, a bien remarqué qu'en ceſte hypotheſe des coſtez, la proportion du plus petit au plus
grand eſt, comme 2 — ℞ 3 à 1. ou comme 1 à 2 — ℞ 3.
mais il n'a pas bien rencontré en ce qui concerne les
coſtez.

ZETETIQVE XXII.

L'Aggregé des quarrez, & la raiſon du rectangle ſous les coſtez au quarré de la
difference des coſtez eſtant donnee, treuuer
les coſtez.

Soit D plan l'aggregé des quarrez qui est donné.
Et que le quarré de la difference des costez ait au rectangle sous les costez la raison de R à S, & qu'il faille treuuer les costez. Le rectangle sous les costez soit
A plan. Doncques le quarré de la difference des co-
stez sera $\frac{S \, par \, A \, plan}{R}$, auquel le double du rectangle sous
les costez adjousté, sera l'aggregé des quarrez. Don-
ques $\frac{S \, par \, A \, plan + 2 R \, par \, A \, plan}{R}$ est egal a B plan, laquelle
equation estant reduite à son analogisme, comme
S +2 R est à R, ainsi B pL à A pl.

Donc ce qui est mentionné dans la proposition
estant donné, les costez seront donnez.

Car comme le semblable rectangle sous les costez, plus
le double quarré semblable de la difference des costez, est
au semblable rectangle sous les costez. Ainsi le vray ag-
gregé des quarrez, est au vray rectangle.

Soit l'aggregé des quarrez 20. le rectangle sous les
costez A pl. sera 8. qui estant au quarré de la difference des mesmes costez, comme 2 à 1. le quarré de la
difference des costez sera 4 ou 20 – 16. Et 20 +16. le
quarré de l'aggregé des costez: D'où il s'ensuit que la
difference est ℞ 4. la somme ℞ 36. le plus petit costè
℞ 9. – ℞ 1. le plus grand ℞ 9. + ℞ 1.

D'autre costè l'aggregé des quarrez estant 20. & le

M ij

rectangle fous les coftez, au quarré de la difference
des coftez, comme 1. eft à 1. c'eft à fçauoir que celuy-
cy foit egal à celuy-là. Comme 3. eft à 1. ainfi 20. eft
à $\frac{20}{3}$. C'eft pourquoy $\frac{20}{3}$ eft le rectangle fous les coftez.
Partant 20 — $\frac{20}{3}$. c'eft à dire $\frac{40}{3}$. fera le quarré de la difference des coftez. Et 20 + $\frac{20}{3}$. c'eft à dire $\frac{100}{3}$. fera le
quarré de l'aggregé : D'où il eft euident que R: $\frac{40}{3}$. eft
la difference : Et R: $\frac{100}{3}$. l'aggregé. Tellement que le
plus petit cofté eft R: $\frac{25}{3}$ — R: $\frac{5}{3}$. Et le plus grand cofté
R: $\frac{25}{3}$. + R: $\frac{5}{3}$. Et partant Cardan s'eft trompé en fon
Arithmetique, queftion 94. chap. 66.

F I N.

LE TROISIESME LIVRE
DES ZETETIQVES.

ZETETIQVE PREMIER.

DE trois lignes droictes proportionnelles, la moyenne estant donnee, & la difference des extrémes, treuuer les extremes.

Puis que les extremes proportionnelles sont comme les costez, & le quarré de la moyenne comme le rectangle sous les costez, & que comme il a desia esté dit le rectangle sous les costez, & la difference des costez estant donnee, lon peut treuuer les costez. Il sensuit que le quarré de la moitié de la difference des extremes, adiousté au quarré de la moyenne, est egal au quarré de la moitié de l'aggregé des extremes.

Soit la difference des extremes 10. la moyenne 12. la plus petite des extremes est 8. la plus grande 18.

ZETETIQVE II.

LA moyenne de trois lignes proportionnelles, & l'aggregé des extremes estant donné, treuuer les extremes.

Cecy s'accomplist aussi par le moyen du mesme probleme, qui enseigne la maniere de treuuer les costez, lors que le rectangle sous les costez, & l'aggregé des costez est donné.

Soit la moyenne 12. l'aggregé des extremes 26. la plus petite des extremes sera 8. la plus grande 18.

ZETETIQVE III.

LE perpendicule d'vn triangle rectangle, & la difference de la base & de l'hypothenuse estant donnee, treuuer la base & l'hypothenuse.

Ce Zetetic pareillement depend de cet autre qui enseigne à trouuer les costez, la difference des quarrez & la difference des costez estant donnee. Car le quarré du perpendicule est la difference d'entre les quarrez de l'hypothenuse, & du quarré de la base. Par exemple soit donné D le perpendicule du triangle rectangle, & B la difference de la base & de l'hypothenuse, & qu'il faille treuuer la base & l'hypothenuse.

L'aggregé du perpendicule & de l'hypothenuse soit A. Doncques B par A sera egal à D quarré. Et partant $\frac{D\,quarré}{B}$ sera egalé A. Or la difference des costez, & la somme d'iceux estant donnee, chacun des costez sera donné.

Donc le perpendicule d'vn triangle rectangle estant donné, & la difference d'entre la base & l'hy-

pothenuſe, on treuuera tant la baſe que l'hypothenuſe.

Car le perpendicule du triangle rectangle eſt propor-
tionnel entre la difference de la baſe & de l hypothenu-
ſe, & l'aggregé de tous les deux.

Soit D 5. B 1.　1.　5.　25. ſont proportionels,
partant l'hypothenuſe du triangle rectangle eſt 13. la
baſe 12. le perpendicule eſtant 5.　De ceſte façon
ſoit le

Z E T E T I Q V E　IV.

L E perpendicule d'vn triangle rectangle,
& l'aggregé de la baſe & de l'hypothenuſe eſtant donnez, diſtinguer la baſe &
l'hypothenuſe.

Soit le perpendicule 5. l'aggregé de la baſe & de
l'hypothenuſe 25.　25. 5. 1. ſont proportionnels,
partant la difference de la baſe & de l hypothenuſe
eſt 1. la baſe 12. l'hypothenuſe 13.

Z E T E-

ZETETIQVE V.

L'Hypothenuse d'vn triangle rectangle estant donnée, & la difference des costez d'alentour l'angle droict, treuuer les costez à l'entour de l'angle droict.

Ce qui n'est autre chose que la difference des costez estant donnee, & l'aggregé des quarrez estant aussi donné, treuuer les costez. Ce qui a esté enseigné cy deuant.

Soit l'hypothenuse du triangle rectangle qui est donnee D. & la difference des costez à l'entour de l'angle droict B. & qu'il faille treuuer les costez à l'entour de l'angle droict. La somme des costez à l'entour de l'angle droict, soit A. doncques A +B sera le double du plus grand costé à l'entour de l'angle droict, & A —B le double du plus petit costé. Les quarrez de chacun d'iceux adjoustez, sont 2 A q. +2 B q. qui partant sont egaux à 4 D q. Partant 2 D q. —B q. sont egaux à A q.

• Donc l'hypothenuse d'vn triangle rectangle, & la difference des costez d'alentour l'angle droict estant donnez, lon treuuera les costez. Car

N

Le double du quarré de l'hypothenuse, moins le quar-
ré de la difference des costez d'alentour l'angle droict, est
egal au quarré de la somme d'iceux.

Soit D 13. B 7. A. 1 N. 1 Q. est egal à 289. & ce
faisant 1 N est fait ℞ 289. Partant les costez à l'entour de l'angle droict sont ℞ 72 ¼ +3 ½. Et ℞ 72 ¼ —
3 ½.

ZETETIQVE VI.

L'Hypothenuse d'vn triangle rectangle, &
la somme des costez à l'entour de l'angle
droict estant donnee, trouuer les costez d'allentour l'angle droict.

Car le double du quarré de l'hypothenuse, moins le
quarré de l'aggregé des costez à l'entour de l'angle droict,
est égal au quarré de la difference des costez d'allentour
l'angle droict.

Ce qui se tire de l'egalité precedente par le moyen
de l'antithese.

Soit derechef l'hypothenuse 13. & la somme des
costez à l'entour de l'angle droict 17. la difference
des mesmes costez 1 N: 1 Q. sera egal á 49. & par ce
moyen 1 N. est ℞ 49. partant les costez á l'entour de

l'angle droict sont $8\frac{1}{3} + \text{\Bbb R} \, 12\frac{1}{4}$. & $8.\frac{1}{3} - \text{\Bbb R} \, 12\frac{11}{4}$.

ZETETIQVE VII.

ON treuuera trois lignes droictes pro-portionnelles en nombre.

Car deux costez estans l'vn à l'autre comme vn nombre à vn nombre. La plus grande extreme des proportionnelles est semblable au quarré du plus grand des costez, qui ont esté pris, la moyenne au rectrangle soubs les costez. La plus petite extreme, au quarré du plus petit des costez qui ont esté pris.

Soient les costez rationels B & D. Quand B sera prise pour la premiere des proportionnelles, & D pour la seconde, la troisiesme sera $\frac{Dq}{B}$. Et toutes estant multipliees par B. l'ordre des proportionnel-les se treuuera tel.

I.	II.	III.
B quarré.	B par D	D quarré.

Soit B. 2. D. 3. les proportionnelles seront 4. 6. 9.

N ij

ZETETIQVE VIII.

L'On treuuera vn triangle rectangle en nombre.

Car trois proportionnelles estant treuuées en nombre, l'hypothenuse est semblable à l'aggregé des extremes, la base & la difference, le perpendicule au double de la moyenne.

Sçauoir ainsi qu'il a desia esté dit, que le perpendicule du triangle rectangle est proportionnel entre la difference de la base & de l'hypothenuse, & l'aggregé des mesmes base & hypothenuse.

Soient treuuees en nombre les proportionnelles 4. 6. 9. la somme des extremes 13. donne l'hypothenuse, le double de la moyenne 12. donne le perpendicule, la difference des extremes, sçauoir 5. la base.

Autrement

ZETETIQVE IX.

L'On treuuera en nombre vn triangle re-ctangle.

Car deux costez rationnels quels qu'ils soient estant pris, l'hypothenuse est faite semblable à l'aggregé des quarrez, la base à leur difference, le perpendicule au double du rectangle sous les costez.

Soient les deux costez B & D. Il y a donc trois costez qui sont proportionnels, sçauoir B D. $\frac{Dq.}{B}$ le tout estant multiplié par B. Il en reuiendra trois plás proportionnels, B q. B par D. D q. á l'aggregé desquels plans proportionnels, par ce qui a esté dit cy dessus, l'hypothenuse est faite semblable, sçauoir B q. + D q. la base á B q. = D q. le perpendicule à 2 B par D.

D'ailleurs il a desia esté conclu, que le quarré de l'aggregé des quarrez est egal au quarré de la difference des quarrez, adiousté au quarré du double du rectangle sous les costez.

Soit B 2. D 3. l'hypothenuse sera semblable á 13. la base á 5. le perpendicule á 12.

ZETETIQVE X.

DE trois proportionelles dont l'aggregé des quarrez de chacune d'icelles, & l'vne des extremes soit donnee, lon treuuera l'autre extreme.

Car de l'aggregé des quarrez, les trois quarts du quarré de l'extreme donnée estant osté, ce qui restera sera egal au quarré de la composée de la moitié de l'extreme donnée, & du total de l'autre extreme qui est cherchée.

Ce qui a esté desia demonstré si clairement, qu'il n'est besoin d'vn nouueau procedé pour en faire apparoir.

L'aggregé des quarrez des trois proportionnelles soit 21. La plus grande extreme d'icelles soit 4. donc 21 — 12. C'est à dire 9 est le quarré de la composee de 2. & de la plus petite cherchee. Mais la racine du quarré 9. est ℞ 9. C'est pourquoy la plus petite cherchee est ℞ 9 — 2. c'est à dire 1.

Mais le mesme aggregé des quarrez estant 21. soit la plus petite extreme 1. donc 20¼. ou $\frac{81}{4}$. est le quarré de la composee de ½. & de la plus grande cher-

chee.Mais la racine du quarré $\frac{81}{4}$. est ℞ $\frac{81}{4}$. C'est pourquoy la plus grande cherchee ℞ $\frac{81}{4}$ — $\frac{1}{2}$.

ZETETIQVE XI.

DE trois proportionnelles l'aggregé des quarrez de chacune d'icelles proportionnelles estant donné, & la somme des extremes, on treuuera les extremes.

Car ostant du quarré de l'aggregé des extremes, l'aggregé des quarreʒ de chacune des proportionnelles, ce qui reste est egal au quarré de la moyenne.

Or la somme des extremes & la moyenne estant donnee, les extremes seront donnees. Ce qui a desia aussi esté clairement demonstré, si bien qu'il n'est besoin de nouuelle procedure pour en faire apparoir.

Soit l'aggregé des quarrez de chacune des proportionnelles 21. la somme des extremes 25 — 21. C'est à dire 4, le quarré de la moyenne. D'ou la moyenne est ℞ 4. les extremes 1 & 4.

ZETETIQVE XII.

DE trois proportionnelles l'aggregé des quarrez de chacune d'icelles eftant donné, & la moyenne, lon treuuera les extremes.

Car l'aggregé des quarrez des trois proportionnelles, plus le quarré de la moyenne eft egal au quarré de l'aggregé des extremes.

Soit l'aggregé des quarrez des trois proportionnelles 21. la moyenne 2. 21+4. c'eft à dire 25 eft egal au quarré de l'aggregé des extremes, dont il arriue que les extremes font ᵫ 25.

ZETETIQVE XIII.

DE quatre proportionnelles la difference des extremes , & la difference des moyennes eftant donnee , treuuer les proportionnelles.

Ce probleme a efté cy deuant folut en deux Zetetics. Car ce n'eft autre chofe, que la difference des

coftez

coſtez & la difference des cubes eſtant donnee, treuner les coſtez. Comme la ſuitte le fera voir.

Soit donc de quatre lignes continuellement proportionnelles la difference des extremes D. qui eſt donnee : Et B la difference des moyennes qui eſt auſſi donnee. Et qu'il faille treuuer les proportionnelles.

L'aggregé des extremes ſoit A. Donc A + B ſera le double de la plus grande extreme, & A — D le double de la plus petite. Et partant A + D multiplié par A — D produira le quadruple du rectangle ſous les moyennes, ou extremes.

Partant $\frac{A + D\, q}{4}$ eſt le rectangle ſous les moyennes ou extremes, lequel multiplié par la plus grande des extremes, produira le cube de la plus grande des moyennes, par la plus petite, le cube de la plus petite des moyennes. Et en fin par la difference des extremes produira la difference des cubes des moyennes. C'eſt pourquoy $\frac{D\, \text{par}\; A\, q - D\; c}{4}$ eſt egal à la difference des cubes des moyennes. Or eſt-il que ſi de la difference des cubes, on oſte le cube de la difference des coſtez, ce qui reſte eſt egal au triple du produict de la multiplication de la difference des coſtez par le rectangle ſous les coſtez, comme il ſe void par la conſtitution originaire du cube, de la difference de deux coſtez.

O

C'eſt pourquoy $\frac{D\,par\,A\,q.--D\,c.---4\,Bc.}{4}$ eſt egal au triple du ſolide produiƈt de la multiplication de la difference des moyennes par le rectangle ſous les moyennes. C'eſt à ſçauoir, $\frac{B\,par\,A\,q.---3\,B.--D\,q}{4}$ Et l'equation eſtát ordonnee $\frac{D\,c.---4\,Bc.-+3\,B\,par\,D\,q.}{D-3B}$ ſera egal à A q.

Doncques de quatre lignes continuellement proportionnelles, la difference des extremes, & la difference des moyennes eſtant donnee, l'on treuuera les proportionnelles. Car

Si le cube de la difference des extremes, plus le quadruple du cube de la difference des moyennes, moins le triple du ſolide prouenu de la multiplication de la difference des moyennes, par le quadruple du quarré de la difference des extremes; eſt appliqué à la difference des extremes moins le triple de la difference des moyennes, le plan qui en prouiendra ſera egal au quarré de l'aggregé des extremes.

Soit D, 7. B, 2. A, 1 N. 1 Q ſera egal à 81. Et 1 N à ₨ 81. qui eſt l'aggregé des extremes 1 & 8. Ce faiſant 2 & 4 ſont les moyennes des quatre proportionnelles.

I.	II.	III.	IV.
1.	2.	4.	8.

ZETETIQVE XIV.

DE quatre lignes continuellement proportionnelles, l'aggregé des moyennes
& l'aggregé des extremes estant donné,
treuuer les proportionnelles.

Ce mesme probleme a esté pareillement solut en
deux Zetetics. Car ce n'est autre chose que l'aggregé
des costez, & l'aggregé des cubes estant donné, treuuer les costez. Comme il se verra par la suitte plus
euidemment.

Soit doncques de quatre lignes continuellement
proportionnelles D l'aggregé des extremes qui est
donné : Et B l'aggregé des extremes qui est sem-
blablement donné. Qu'il faille treuuer les proportionnelles.

La difference des extremes soit A. Donc D $+$ A
sera le double de la plus grande extreme. Et D $-$ A
le double de la plus petite. Et partant D $+$ A multiplié par D $-$ A, fait le quadruple du rectangle sous
les moyénes, ou sous les extremes, partant $\frac{D^2 - A^2}{4}$ est

le rectangle sous les moyennes, lequel multiplié par
la plus grande extreme, produict le cube de la plus
grande moyenne par la plus petite, le cube de la plus
petite des moyennes. Et par la somme de l'vne & de
l'autre, produict l'aggregé des cubes des moyennes.

C'est pourquoy $\frac{Dc.\ -\ D\text{ par }Aq}{4}$ est egal à l'aggregé
des cubes des moyennes. Or est-il que si du cube de
l'aggregé des deux costez on oste l'aggregé des cubes, ce qui restera est egal au triple du solide produict
de la multiplication de l'aggregé des costez, multiplié par le rectangle sous les costez. Comme il se
void par la constitution originaire du cube de deux
costez. C'est pourquoy $\frac{4Bc.\ -\ Dc\ -+\ \ \text{par }Aq.}{4}$ est egal au
triple du solide produict de la multiplication de l'ag-
gregé des moyennes par le rectangle sous les moyé-
nes, sçauoir $\frac{B\text{ par }3.Dq.\ -B\text{ par }3.Aq.}{4}$ Et l'equation estant ordonnee $\frac{B\text{ par }3.Dq\ -+Dc\ -\ 4B}{D\ -+3.B.}$ sera egal à A q.

Doncques l'aggregé des extremes, & l'aggregé
des moyennes estant donné, l'on treuuera les proportionnelles. Car

*Si le triple du solide produict de la multiplication de
l'aggregé des moyennes, par le quarré de l'aggregé des extremes, plus le cube de l'aggregé des extremes, moins le
quadruple du cube de l'aggregé des moyennes, est appliqué à l'aggregé des extremes, plus le triple de l'aggregé des*

moyennes, le plan qui en prouiendra sera egal au quarré de la difference des extremes.

Soit D, 9. B, 6. A, 1 N. 1 Q est egal à 4 9. Et 1 N fait ℞ 49. qui est la difference des extremes 1 & 8. Et 2 & 4 sont les moyennes des quatre continuellement proportionnelles qui suiuent.

I.	II.	III.	IV.
1	2	3	4

ZETETIQVE XV.

Derechef de quatre lignes continuellement proportionnelles, la difference des extremes , & la difference des moyennes estant donnee , treuuer les proportionnelles.

Et cecy mesme, comme il se verra par la suitte, reuient à ce poinct, qu'estant donnee la difference des costez, & la difference des cubes, il faut treuuer les costez.

Soit donc de quatre lignes en proportion continuë D la difference des extremes qui est donnee: Et

B la difference des moyennes : Et qu'il faille treuuer
les proportionnelles.

Le rectangle fous les moyennes ou extremes foit
A pl. puis que le cube de la plus grande des moyennes eſt egal au ſolide produict de la multiplication
de la plus grande extreme par le rectangle fous les
extremes , & le cube de la plus petite des moyennes
au ſolide produict de la multiplication de la plus petite des extremes par le rectangle fous les extremes,
il ſenſuiura que D par A pl. ſera egal à la difference
des cubes des moyennes. Or eſt-il que ſi de la difference des cubes on oſte le cube de la difference des
coſtez , ce qui reſte eſt egal au triple ſolide de la difference des coſtez par le rectangle fous les coſtez,
ainſi qu'il appert de la conſtitution originaire du cube, de la difference de deux coſtez. C'eſt pourquoy
D par A pl. moins D-c. ſera egal à B par A pl. Et
l'equation eſtant ordonnee $\frac{3\,c.}{D-\frac{1}{3}B.}$ ſera egal à A pl. Or
le rectangle fous les coſtez eſtant donné , & la diffe-
rence d'iceux coſtez eſtant donnee, les coſtez ſeront
donnez.

Donc de quatre lignes continuellement proportionnelles la difference des extremes , & la difference des moyennes eſtant donnee , les proportionnelles ſeront donnees.   Car

Comme la difference des extremes, moins le triple de la difference des moyennes, est à la difference des moyennes, ainsi le quarré de la difference des moyennes, est au rectangle sous les moyennes ou extremes.

Soit D 7. B 2. A pl. fait 8. qui est le rectangle sous les extremes, 1 & 8 les moyennes, 2 & 4 des quatre continuellement proportionnelles qui suyuent.

I.	II.	III.	IV.
1.	2.	4.	8.

Que si de la difference des extremes & du rectangle sous les extremes qui soient donnez, lon cherchoit la difference des moyennes : par exemple si on cognoissoit A pl. estre F pl. & qu'il fust question de treuuer B, qui seroit en ce cas A, on y procederoit ainsi $\frac{A c.}{D - 3 A}$ sera egal à F pl. laquelle equation estant ordonnee, A c. ⊢ F 3 pl. par A, sera egal à F pl. par D. C'est à dire le cube de la difference des moyennes, plus le triple du solide produict de la multiplication du rectangle sous les costez, par la difference des moyennes, est egal au solide produict de la multiplication du rectangle sous les costez, par la difference des moyennes. Ce qu'il estoit necessaire de remarquer.

ZETETIQVE XVI.

DErechef de quatre proportionnelles
l'aggregé des extremes, & l'aggregé
des moyennes estant donné, treuuer les
proportionnelles.

Celuy-cy pareillement, comme il se verra par la
suitte, reuient à cét autre, estant donné l'aggregé
des costez & l'aggregé des cubes, treuuer les costez.

Soit doncques Z la somme des extremes qui est
donnee. G la somme des moyennes des quatre lignes continuellement proportionnelles. Et qu'il faille treuuer les proportionnelles.

Le rectangle sous les moyennes ou extremes soit
A pl. puis que le cube de la plus grande des moyennes est egal au solide, produict de la multiplication
de la plus grande extreme par le rectangle sous les
extremes, & le cube de la plus petite des moyennes
au solide, produict de la multiplication de la plus
petite des extremes, par le rectangle sous les extremes. C'est pourquoy Z par A pl. sera egal à l'aggregé
des cubes des moyennes.

Or si du cube de l'aggregé des costez on oste
l'aggregé

ggregé des cubes, ce qui reste est egal au triple du
solide de la somme des costez, par le rectangle sous
les costez, ainsi qu'il se void par la constitution originaire du cube de deux costez.

C'est pourquoy D c. ⏤ Z par A pl. sera egal à G
par 3 A pl. & l'equation estant ordonnee $\frac{Dc.}{Z-3G}$ sera
egal à A pl.

Or le rectangle sous les costez estant donné, & la
difference d'iceux, les costez seront donnez.

Doncques de quatre lignes continuellement proportionnelles, l'aggregé des extremes estant donné,
& l'aggregé des moyennes, l'on treuuera les proportionnelles. Car

Comme l'aggregé des extremes, plus le triple de l'ag-
gregé des moyennes, est à l'aggregé des moyennes, ainsi
le quarré de l'aggregé des moyennes, est au rectangle sous
les moyennes, ou extremes.

Soit Z 9. G 6. A pl. 1 N. est egal à 8. qui est le rectangle sous les extremes 1. & 8. ou sous les moyennes 2 & 4.

Que si de l'aggregé des extremes, & du rectangle sous icelles l'on cherchoit l'aggregé des moyennes : par exemple si on cognoissoit A pl. estre B pl.
mais que l'on cherchast G. qui ce faisant seroit A. on
procederoit ainsi, & l'egalité subsisteroit és termes

P

de A c. ─3 B pl. par A, egal à B pl. par Z.   C'eſt à dire

Le cube de l'aggregé des extremes, moins le triple du ſolide produiĉt de la multiplication du meſme aggregé, par le reĉtangle ſous les extremes ou moyennes, eſt egal au ſolide produiĉt de l'aggregé des extremes, par le reĉtangle ſous les moyennes ou extremes.

Ce qu'il eſt neceſſaire de remarquer.

F I N.

LE QVATRIESME LIVRE
DES ZETETIQVES.

ZETETIQVE PREMIER.

Reuuer en nombre deux quarrez egaux à vn quarré donné.

Soit le quarré donné en nombre F, & qu'il faille treuuer en nombre deux quarrez qui luy soient egaux.

Soit pris vn triangle rectangle en nombre, & soit l'hypothenuse Z, la base soit B, le perpendicule D, & soit fait vn autre triangle semblable à celuycy, ayant l'hypothenuse F. C'est à sçauoir en faisant comme Z

P ij

eſt à F, ainſi B à vne autre baſe , qui partant ſera
$\frac{B\,par\,F}{Z}$. Et derechef cóme Z eſt à F, ainſi D eſt au perpendicule, qui partant ſera $\frac{D\,par\,F}{Z}$.   Donc les quarrez
de $\frac{B\,par\,F}{Z}$ & $\frac{D\,par\,F}{Z}$ ſeront egaux au quarré donné F. Ce
qu'il falloit faire.

Et c'eſt où tombe l'analyſe de Diophante, ſelon
laquelle il faut ſeparer B q. en deux autres quarrez.
Le coſté du premier quarré ſoit A. Du ſecond B —
$\frac{S\,par\,A}{R}$. Le quarré du premier coſté eſt A q. Du ſecond
B q. — $\frac{S\,par\,A\,par\,2\,B}{R}$ + $\frac{S\,q.\,par\,A\,q.}{R\,q.}$ leſquels deux quarrez partant ſont egaux à B q. Et l'egalité eſtant ordonnee,
$\frac{S\,par\,R\,par\,2\,B}{S\,q. + R\,q.}$ ſera egal à A, coſté du premier des deux
quarrez ſinguliers. Et le coſté du ſecond eſt fait egal à
$\frac{S\,q.\,par\,F - R\,q.\,par\,B.}{S\,q. + R\,q.}$

Car de fait lon fait vn triangle rectangle en nombre des deux coſtez S & R, quoy faiſant l'hypothenuſe eſt faite ſemblable à S q. + R q. La baſe à S q. —
R q. Le perpendicule á S par 2 R. Doncques pour ſeparer B q. en deux autres quarrez, il faut faire comme S q. + R q. á S q. — R q. ainſi l'hypothenuſe du
triangle ſemblable á la baſe, qui ſert de coſté á l'vn
des quarrez, & comme S q. — R q. á S par 2 R, ainſi
la baſe du triangle ſemblable au perpendicule qui
ſert de coſté á l'autre des quarrez.

Soit B 100. le quarré auquel il faut treuuer deux quarrez egaux, soit des costez S 4. & R 3. trouué vn triangle rectangle en nombre, l'hypothenuse sera 25. la base 7. le perpendicule 24. Partant comme 25. est á 7. ainsi 100. sera á 28. Et comme 25. á 24. ainsi 100. sera á 96. Doncques le quarré de 100. sera egal au quarré de 28. plus le quarré de 96.

ZETETIQVE II.

TReuuer en nombre deux quarrez egaux, à deux autres quarrez donnez.

Soient deux quarrez donnez en nombre B q. & D q. Qu'il en faille treuuer deux autres egaux á ceux-là.

Soit B supposé pour base d'vn triangle rectangle. D pour le perpendicule. Et partant le quarré de l'hypothenuse est egal à B q. + D q. Doncques que ceste hypothenuse soit Z : n'importe qu'elle soit rationnelle ou irrationnelle, puis soit treuué en nombre vn autre triangle rectangle, duquel l'hypothenuse soit X. la base F. le perpendicule G. Et d'abondant de ces deux triangles rectangles en soit fait vn troisiesme par la voye synairetique ou diæretique, ainsi qu'il a esté enseigné és notes prieures.

Par la premiere maniere l'hypothenuſe ſera ſemblable à Z par X, le perpendicule à B par G ─+ D par F. Et la baſe à B par F ⹀ D par G. Par la ſeconde l'hypothenuſe ſera ſemblable à Z par X. Le perpendicule à B par G ⹀ D par F. La baſe à B par F ─+ D par G. Puis ſoient tous les plans ſemblables aux coſtez du triangle rectangle trouué appliquez à X. Doncques en la premiere methode l'hypothenuſe demeurant Z, la baſe ſera $\frac{\text{B par F} \,⹀\, \text{D par G}}{X}$ le perpédicule $\frac{\text{B par G} \,─+\, \text{D par F}}{X}$. Ou bien par la ſecóde la baſe ſera $\frac{\text{B par F} \,─+\, \text{D par G}}{X}$ le perpendicule $\frac{\text{B par G} \,⹀\, \text{D par F}}{X}$. Partant ces deux quarrez des coſtez contenant l'angle droict, ſont egaux au quarré de l'hypothenuſe Z, auquel cv deuant D q. ─+ B q. ont eſté ſuppoſez egaux.   Ce qu'il falloit faire.

Et c'eſt là où retombe l'analyſe de Diophante, ſuyuant laquelle il faut ſeparer derechef Z q. deſia diuiſé en deux autres quarrez ; ſçauoir B q. & D q. en deux autres quarrez.

Le coſté du premier quarré qui ſe doit treuuer ſoit A ─+ B, le coſté du ſecond $\frac{\text{S par A} \,─\, \text{D}}{R}$ ſoient treuuez les quarrez d'iceux coſtez, & comparez aux quarrez B q. à D q. qui ſont donnez. Doncques A q. ─+ B par 2 A ─+ B q. $─+ \frac{\text{S q. par A q.} \,─\, \text{S par D par 2 A}}{R} ─+$ D q. ſera egal à B q. ─+ D q.

Laquelle egalité eſtất ordonnee, $\frac{S\,par\,R\,par\,2\,D - R\,q.\,par\,2\,B}{S\,q. + q.}$

ſera egal à A. Doncques le quarré du premier coſté
ſuppoſé, qui eſtoit A+B eſt egal à $\frac{S\,par\,R\,par\,2\,D + \cdots par\,B =}{S\,q. + q.}$

$R\,q.\,par\,B$ le coſté du ſecond quarré ſuppoſé, qui eſtoit

$\frac{S\,par\,A}{R}$ —D eſt egal à $\frac{S\,q.\,par\,D = S\,par\,R\,par\,2\,B = R\,q.\,par\,D}{S\,q. + R\,q.}$ Ce qui

eſtant bien conſideré, lon treuuera que deux triangles rectangles ont eſté treuuez, l hypothenuſe du
premier deſquels, ſoit qu'elle ſoit rationnelle ou irrationnelle eſt Z, la baſe B, le perpendicule D, & que
le ſecond deſdits triangles eſt compoſé des deux coſtez S & R, duquel l'hypothenuſe par conſequent eſt
ſemblable á S q. +R q. la baſe á S q. —R q. le perpendicule á S par 2 R Et d'abondant que de ces deux
triangles lon en a compoſé vn troiſieſme par la methode diæretique, & que les ſolides en prouenants
ſont appliquez á S q. +R q. D'où il arriue que Z ſert
de commune hypothenuſe au premier, & au troiſieſme. Et qu'en fin par ce moyen les quarrez d'alentour l'angle droict de ce premier ſont egaux aux
quarrez d'allentour de l'angle droict de ce troiſieſme.

Que ſi le coſté du premier quarré eſt ſuppoſé
A —B, & celuy du ſecond $\frac{S\,par\,A}{R}$ — D. $\frac{S\,par\,R\,par\,2\,D - R\,q.\,par\,2\,B}{S\,q. + R\,q}$

ſera egal á A. Et par ainſi le coſté du premier quarré

fuppoſé ſera $\frac{S\,par\,R\,par\,2\,D = Sq\,par\,B + 2\,q\,par\,R}{Sq. + Rq.}$. Le coſté du ſecond $\frac{S\,par\,R\,par\,2\,B + 2\,q\,par\,D = Rq.\,par\,D}{Sq. + q.}$ Ce qui eſt auoir formé vn troiſieſme triangle par la voye ſynærctique
cy deſſus mentionnee.

　Soit B 15. D 10. de là ſenſuit que Z eſt ℟ 325. ſoit
treuué en nombre le triangle rectangle 5.3.4. l'vn des
coſtez cherchez eſt 18. l'autre 1. ou bien l'vn 6. &
l'autre 17.

ZETETIQVE III.

TReuuer derechef en nombre deux quarrez egaux, à deux quarrez donnez.

　Soient les deux quarrez donnez B q. & D q. qu'il
faille treuuer deux autres quarrez qui leur ſoient eſ-
gaux.

　Soit treuué en nombre vn triangle rectangle, duquel B ſoit l'hypothenuſe ; & puis apres en ſoit fait
vn autre ſemblable, duquel l'hypothenuſe ſoit D, &
de ces deux en ſoit fait vn troiſieſme, le quarré de
l'hypothenuſe duquel ſoit egal, au quarré de l'hypothenuſe du premier, & du ſecond, par la façon qui
eſt expoſee es notes. Donc le quarré de l'hypothenuſe

nuſe de ce troiſieſme triangle nouueau fait, ſera egal
à B q. + D q. Auſquels quarrez les coſtez d'alentour
l'angle droit eſtoiét egaux. Et ceſte façon ſe tire pareillement de l'analyſe de Diophante, que nous
auons vn peu auparauant expliquee.

Soit B 10. D 15. ſoient les coſtez à l'entour l'angle
droiƈt du premier triangle 8. & 6. ceux du ſecond
ſemblable au premier 12. & 9. les coſtez d'alentour
l'angle droiƈt du troiſieſme triangle ſeront 18. & 1.
ou 6. & 17. les quarrez deſquels les coſtez ſont egaux
aux quarrez de 10. & 5.

ZETETIQVE IIII.

TReuuer deux triangles reƈtangles ſemblables , ayant les hypothenuſes donnez, & que la baſe du troiſieſme triangle ti-
ree d'iceux deux triangles, & compoſee du
perpendicule du premier, & de la baſe du ſecond, ſoit celle qui aura eſté preſcripte.

Soit B l'hypothenuſe du premier triangle qui eſt
donnee. D celle du ſecond triangle ſemblable au
premier. Il faut d'iceux deux triangles tirer vn

Q

troisiesme triangle, la base duquel soit egalle à N,
qui est la composee du perpendicule du premier, &
de la base du secód B q. ↦D q. ↦N q. soit egalle à M
q. donc le perpendicule du triangle nouuellement
tiré est M, or soit A la base du premier, donc la base
semblable du second sera $\frac{D\,par\,A}{B}$; Partant le perpendicule du premier sera N ↦ $\frac{D\,par\,A}{B}$; Et le perpendicule du second sera A ↦M, ou A ↦M, en telle sorte
que M est la difference, entre la base du premier, &
le perpendicule du second.

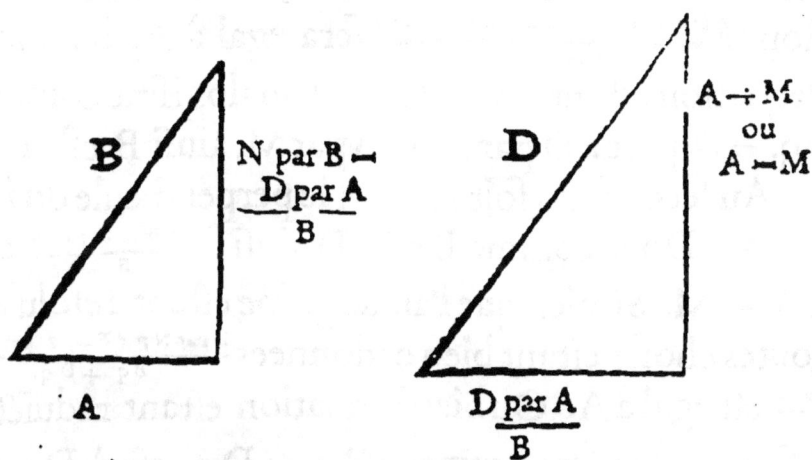

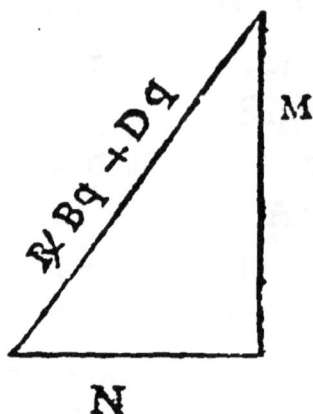

Soit au premier cas A ⊣ M, doncques cóme B est à D, ainsi $\frac{N\ par\ B\ -D\ par\ A}{B}$ est à A ⊣ M, & l'analogisme estant resolu, & tout estant conuenablement ordonné $\frac{D\ par\ N\ par\ B\ -\ B\ par\ M\ par\ B}{Bq.\ \dashv\ Dq}$ sera egal à A, ou bien l'equation estant reduicte à son analogisme comme Bq. ⊣ Dq. est à D par N ⊢ B par M, ainsi B est à A.

Au second cas soit A — M le perpendicule du second. Donc comme B est à D ainsi $\frac{N\ par\ B\ -D\ par\ A}{B}$ est à A ⊢ M. Si bien que l'analogisme estant resolu & toutes choses estant bien ordonnees $\frac{D\ par\ N\ p.:\ B\ \dashv\ B\ par\ M\ par:}{Bq\ \dashv\ Dq.}$ est egal à A. Ou bien l'equation estant reduicte à son analogisme, comme Bq. ⊣ Dq. est à D par N ⊣ B par M, ainsi B est à A.

Doncques les deux triangles cherchez ont ceste habitude l'vn à l'autre.

Au premier cas le premier triangle est.   Le second.

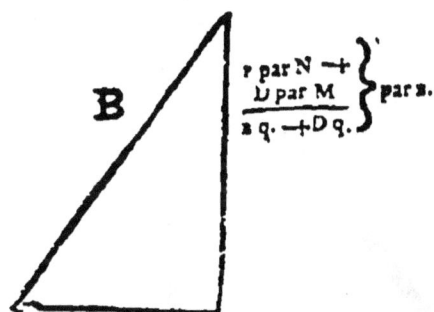

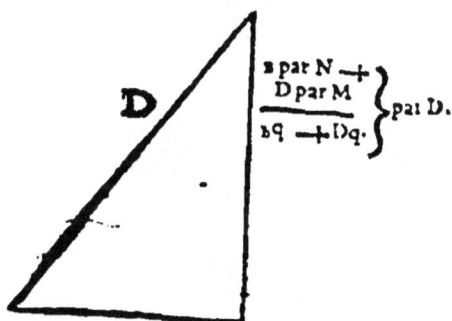

D'où en procede le troisiesme qui est.

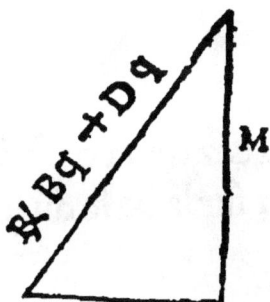

L'excez du perpendicule du second sur la base du premier.

N.   Composee du perpendicule du premier, & de la base du second.

Au second cas le premier est.   Le second.

$$\left.\begin{array}{c} \text{B par N} \\ \text{D par M} \\ \hline \text{Bq. + Dq.} \end{array}\right\} \text{par B.}$$

$$\left.\begin{array}{c} \text{B par N} \\ \text{D par M} \\ \hline \text{Bq. + Dq.} \end{array}\right\} \text{par B.}$$

$$\left.\begin{array}{c} \text{D par N +} \\ \text{B par M} \\ \hline \text{Bq. + Dq.} \end{array}\right\} \text{par B.}$$

$$\left.\begin{array}{c} \text{D par N +} \\ \text{B par M} \\ \hline \text{Bq. + Dq.} \end{array}\right\} \text{par B.}$$

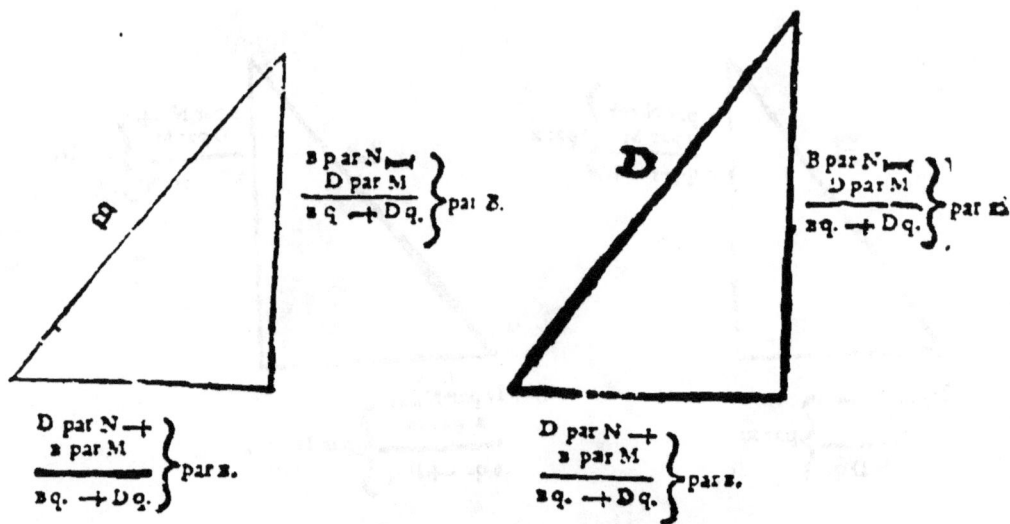

D'où procede le troisiesme qui est.

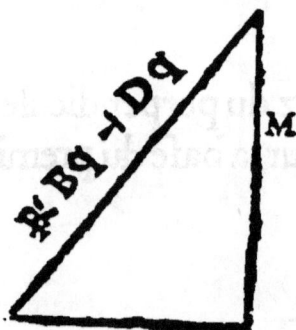

M

L'excez de la base du premier sur la base du second.

N   Composee du perpendicule du premier, & de la base du second.

Or il apparoiſt que le premier cas, arriue tant
ſeullement lors que D par N eſt plus grand que B
par M. Le ſecond cas au contraire lors que B par
N eſt plus petit que D par M.

ZETETIQVE V.

TReuuer en nombre deux quarrez,
egaux à deux quarrez donnez, & que
l'vn des quarrez que l'on cherche ſoit compris entre les limites qui auront eſté preſcripts.

Soit donnez B q. & D q. Et qu'il faille treuuer
deux autres quarrez egaux à iceux, l'vn deſquels ſoit
plus grand que F plan, mais plus petit que G plan.

Soit entendu Z q. ou quelque autre plan egal à B
q. - D q. donc Z eſt l'hypothenuſe rationelle ou
irrationelle d'vn triangle rectangle, duquel les coſtez à l'entour l'angle droit, ſont B & D. Or l'on
cherche vn autre triangle rectangle duquel l'hypothenuſe ſoit auſsi Z, & l'vn des coſtez à l'entour
l'angle droict, (ſçauoir la baſe) ſoit plus grand que
N, mais plus petit que S, donc la choſe ſe reduit à ces
termes. Qu'apres auoir treuué en nombre deux

triangles rectangles semblables, ayant les hypothenuses B & D donnez, il faut que la base du troisiesme
triangle, tirec d'iceux triangles, soit composee du
perpendicule, du premier, & de la base du second
& renfermez entre les limites donnez.

Partant Z q. — N q. soit egal à M q. Et Z q. — S
q. soit egal à R q.

Si doncques N est posee la base du troisiesme triangle qui se doit tirer, des deux triangles semblables,
desquels les hypothenuses soient donnez, suiuant le
premier cas du Zetetique precedent, la raison de la
difference d'entre la base, & l'hypothenuse, au perpendicule est celle de Z q. $=$ D par N $-$ B par M, à
B par N $-$ D par M ou bien de X à $\frac{\text{X par B par N} - \text{X par D}}{\text{Z q.} = \text{D par N} - \text{B}}$
$\frac{\text{par M}}{\text{par M}}$ qui est le premier limite determiné.

Or si S est supposee estre la base de ce troisiesme
triangle, pour la mesme cause, si deuant expliquee,
la raison de la difference, d'entre la base, & l'hypothenuse, au perpendicule, sera celle de Z q. $=$ D par
S $-$ B par R à B par S $-$ D par R ou de X à $\frac{\text{X par B par N} -}{\text{Z q.} = \text{D par}}$
$\frac{\text{X par D par R}}{\text{S} - \text{B par R}}$ qui est le second limite donné.

Soit donc posé X pour la difference, d'entre la
base & l'hypothenuse, & que pour faire deux autres
triangles séblables, on prenne quelqu'autre ligne ra-

tionelle que ce soit, qui soit T, entre $\frac{X \text{ par } \text{I par } N \;+\; X \text{ par } D}{Z q \;\equiv\; D \text{ par } N \;+\; \text{I par } M}$
par M

Et $\frac{X \text{ par } B \text{ par } S \;+\; X \text{ par } D \text{ par } R}{Z q \;\equiv\; D \text{ par } S \;+\; \text{I par } R}$ & que de ces deux racines X & T soit treuué en nombre vn triangle re-
ctangle auquel soient faicts deux autres triangles rectangles semblables, le premier ayant l'hypothenuse B, & l'autre D, & de ces deux en soit fait vn
troisiesme, en sorte que la base de ce troisiesme soit
composee du perpendicule du premier, & de la base
du second, donc icelle sera comprise par ce moyen
entre N & S, suiuant la condition du probleme.

Soit B 1. D 3. N ℞ 2. S ℞ 3. Z fait ℞ 10. M ℞ 8. R
℞ 7. Et estât posé X 1. l'on choisira T tel qu'on vou-
dra, comprise entre $\frac{\text{℞ } 98.}{10 \;-\; \text{℞}^2}$ & $\frac{\text{℞} 63. \;-\; \text{℞} 3.}{10. \;-\; \text{℞} 27 \;+\; \text{℞}^2.}$ soit icelle $\frac{5}{4}$ doncques de 1. & de $\frac{5}{4}$ ou de 4. & de 5. l'on
fera vn triangle rectangle auquel on fera deux au-
tres triangles rectangles semblables, desquels les hypothenuses seront donnez, sçauoir 1. & 3. Et la base
du troisiesme triangle, tiré d'iceux deux triangles
semblables, composee du perpendicule du premier
triangle semblable, & de la base du second semblable, fait $\frac{67}{41}$ le quarré duquel perpendicule est
$\frac{4489}{1681}$ plus grand que 2. & plus petit que 3. Le perpendicule sera $\frac{111}{41.}$ duquel le quarré est $\frac{12321.}{1681.}$ lesquels
deux

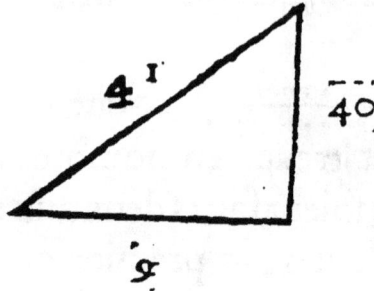

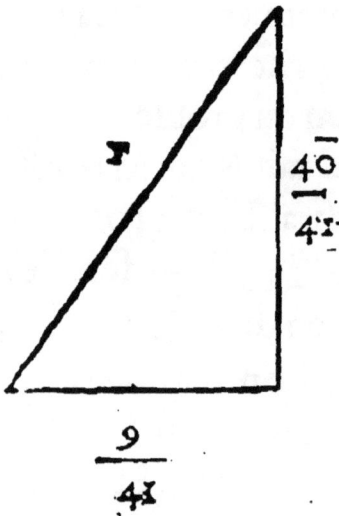
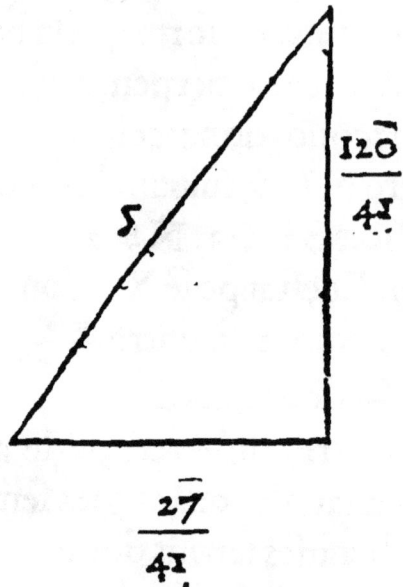

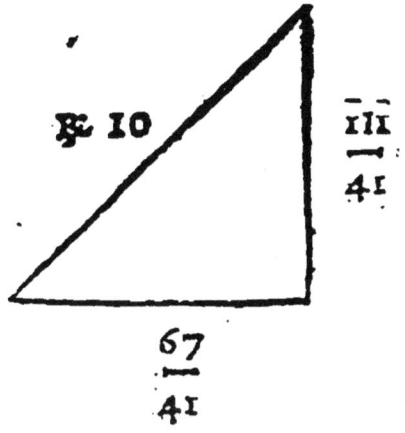

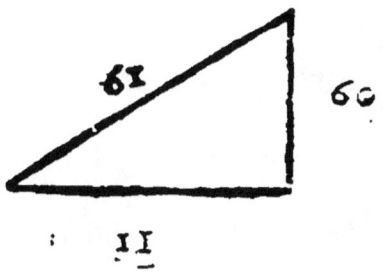

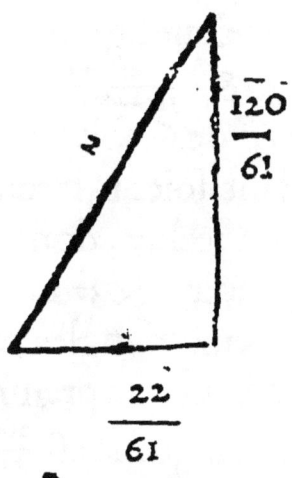

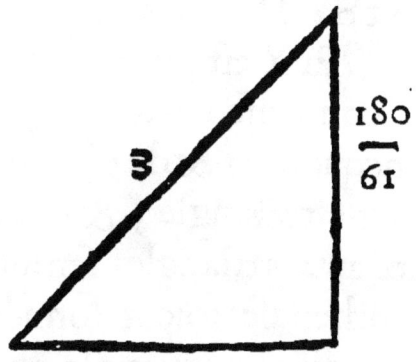

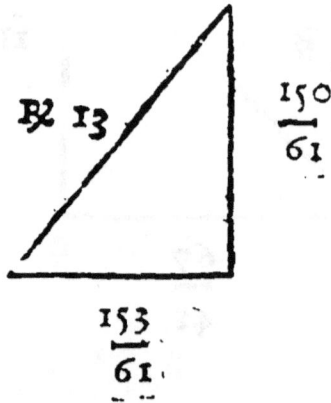

℞ 13 $\frac{150}{61}$

$\frac{153}{61}$

deux quarrez font egaux à 10. aufsi bien que les quarrez de 1 & 3.

Autre exemple.

Soit B 2. D 3. N ℞ 7. S ℞ 7. Z eſt fait ℞ 13. M ℞ 7. R ℞ 6. Et X eſtant poſé, 1 T eſt quelque ligne choiſie, compriſe entre $\frac{℞ 24 + ℞ 63.}{13. + ℞ 18 - ℞ 54.}$ & $\frac{28 + ℞ 54.}{13 - ℞ 14 - ℞ 63.}$ Doncques de 1 & de $\frac{6}{5}$ ou de 5 & de 6, ſoit fait vn triangle rectangle, & d'abondant ſoient treuuez deux autres triangles ſemblables à iceluy, dont les hypothenuſes ſoient données, ſçauoir 2 & 3. La baſe du troiſieſme triangle, tiré des deux triangles, fait $\frac{153}{61}$ qui eſt compoſée du perpendicule du premier, & de la baſe du ſecond, le quarré de laquelle eſt $\frac{23409.}{3721.}$

plus grand que 6 ou $\frac{22326}{3721}$ mais plus petit que 7 ou $\frac{26047}{3721}$ le perpendicule eſt $\frac{158}{61}$ le quarré duquel eſt $\frac{24564}{3721}$ leſquels deux quarrez ſont egaux à $\frac{48373}{3721}$ ou 13, ainſi que les quarrez de 2 & 3.

ZETETIQVE VI.

TReuuer en nombre deux quarrez differents entr'eux, d'vn excez donné.

Soit l'interualle donné B plan, & qu'il faille treuuer en nombre deux quarrez, dont la difference ſoit B plan.

Donc B pl. eſt le quarré de la baſe du triangle rectangle; Et lon cherche les quarrez, tant de l'hypothenuſe que du perpendicule, qui ſoient rationels, dont la difference ſoit le quarré de la baſe qui eſt donné; Or eſt il que la baſe eſt proportionnelle, entre la difference d'entre le perpendicule & l'hypothenuſe, & l'aggregé tant de la meſme hypothenuſe que du meſme perpendicule. C'eſt pourquoy lon prendra quelque longueur rationnelle à laquelle lon appliquera B plan, la largeur qui en reſſortira ſera auſſi rationnelle: Partant la longueur à laquelle l'application a eſté faite, ſi elle eſt plus grande que la lar-

geur', fera la difference du perpendicule & de l'hypothenufe ; Et la largeur fera l'aggregé de la mefme
hypothenufe, & du perpendicule, & au rebours : tellement que lon aura le perpendicule & l'hypothenufe en nombre.

Autrement A q. foit l'vn des quarrez cherchez,
cóme pourroit eftre le quarré du perpédicule. Donc
A q. +B pl. fera egal à vn quarré, fçauoir celuy de
l'hypothenufe: Soit iceluy le quarré de A +D. par le
moyen dequoy D foit la difference d'entre le perpendicule & l'hypothenufe, A q. +D par 2 A +Dq.
fera egal à A q. +B pl. laquelle equation eftant or-
donnee, $\frac{B\,pl. - D\,q.}{2\,D}$ fera egal à A, d'où lon tire le theoreme fuyuant.

THEOREME.

*Si du quarré du premier cofté d'alentour l'angle
droict on ofte le quarré de la difference, d'entre le fecond
quarré & l'hypothenufe, & que ce qui refte foit appliqué au double de la mefme difference, la largeur qui en
viendra fera egalle à ce fecond cofté à l'entour l'angle
droict.*

Autrement E q. foit l'vn des quarrez cherchez,
comme eftant le quarré de l'hypothenufe. Donc

E q. ⌐ B pl. fera egal à vn autre quarré, fçauoir au quarré du perpendicule, qui foit le quarré E ⌐ D, d'où il arriue que D eſt la difference entre le perpendicule & l'hypothenuſe, doncques E q. ⌐ D par z E ⌐ D q. eſt egal à E q. ⌐ B plan. Et toutes choſes eſtant bien ordonnees, $\frac{D q. \,-\, B pl.}{2 D.}$ fera egal à E, d'où l'on tire cet autre.

THEOREME.

Aux triangles rectangles, ſi le quarré d'vn coſté à l'entour l'angle droict, plus le quarré de la difference d'entre l'autre coſté à l'entour l'angle droict & l'hypothenuſe eſt appliquée au double de ceſte difference, la largeur qui en prouient ſera egalle à l'hypothenuſe donnee.

Item ſi le quarré d'vn coſté à l'entour l'angle droict, plus le quarré de l'aggregé de l'autre coſté à l'entour l'angle droict & de l'hypothenuſe, eſt appliqué au double de cet aggregé, la largeur qui en viendra ſera egal à l'hypothenuſe.

D'où vient que comme l'aggregé de l'hypothenuſe, & l'vn des coſtez à l'entour l'angle droict eſt à leur difference, ainſi le quarré de l'aggregé, adjouſté au quarré de l'autre coſté à l'entour l'angle droict, ou oſté d'iceluy quarré, eſt au quarré du coſté qui reſte, adjouſté au quar-

ré de la difference ou osté d'iceluy.

Soit B pl. 240. D 6. A fait $\frac{240-16}{12}$ ou 17. E $\frac{240+16}{12}$ ou 23. donc le quarré du costé 23. differe du quarré du costé 17. par le nombre 240. Celuy cy est 289. Celuy là 529.

Soit le triangle 5. 4. 3. Comme 9 est à 1. ainsi 90. est à 10. & 72 á 8. Ainsi l'on pourra

Adjouster á vn plan donné vn petit quarré, & faire vn quarré.

Car le plan donné sera entendu estre le quarré de l'vn des costez á l'entour de l'angle droict : Or la difference d'entre l'autre costé d'alentour l'angle droict & de l'hypothenuse, ou la somme d'iceux se prendra presque egalle au plan donné.

Soit le plan donné 17. la difference sera supposee estre 4. donc 17 — 16 sera appliqué á 8. ce qui en viendra sera $\frac{1}{8}$ qui seruira pour le perpendicule, si bien que le quarré de l'hypothenuse est 17 $\frac{1}{64}$ duquel quarré le costé est $\frac{33}{8}$ ou 4 $\frac{1}{8}$ qui est le costé assez approchant du costé du quarré 17.

Soit le pl. donné 15. l'aggregé 4. donc 15 — 16 sera appliqué á 8. ce qui en reuient est $\frac{1}{8}$ si bien que le quarré de l'hypothenuse est 15 $\frac{1}{64}$ le costé duquel est $\frac{31}{8}$ ou 3 $\frac{7}{8}$.

ZETETIQVE VII.

TReuuer en nombre vn plan, lequel adjousté à l'vn ou à l'autre, de deux plans
donnez fasse vn quarré.

Soient les deux plans donnez, B plan D pl. qu'il
faille treuuer vn autre plan, lequel estant adjousté,
ou á B pl. ou á D pl. fasse vn nombre quarré.

Ce pl. qu'il faut adiouster soit A pl. donc B pl. ─
A pl. est egal á vn quarré, & derechef D pl. ─ A pl. est
egal á vn quarré : Icy Diophante dit, qu'il faut ordonner l'equation en deux façons.

Soit donné B pl. plus grand que D pl. donc la difference de ces deux quarrez qu'il faut treuuer, est B
pl. ─ D pl. parce que le quarré de l'aggregé des deux
costez, excede le quarré de la difference de ces mesmes costez, du quadruple du rectangle sous les costez : doncques B pl. ─ D plan soit entendu estre le
quadruple du rectangle sous les costez, d'où il arriue
que B pl. ─ A pl. soit le quarré de l'aggregé des costez
D pl. ─ A pl. soit le quarré de la difference des costez;
Et mesme A pl. le quarré de l'aggregé des costez,
duquel

duquel on ayt osté D pl. Donc la chose se treuue reduitte en ces termes, que $\frac{B - D\,pl.}{1}$. C'est à dire le rectangle sous les costez doit se resoudre es deux co-
stez sous lesquels il est compris, l'vn soit G & plus
petit que la difference d'entre B_c B pl. & B_c D pl. ou
plus grand que l'aggregé d'icelle, l'autre $\frac{B\,plan - \quad plan.}{4\,G}$
Donc le costé du plus grãd quarré sera $\frac{B\,pl. - D\,pl. + 4\,Gq.}{4\,G}$
& celuy du plus petit $\frac{B - D\,pl. + 4\,Gq.}{4\,G}$.

Soit B pl. 192. D pl. 128. la difference est 64. le quadruple rectãgle sous les 2 costez : Partant le rectangle
sous les deux costez est 16. qui est le produict des costez 1 & 16. desquels la somme est 17. la difference 15.
Et du quarré de la somme 289. soit osté 192. il reste
97. Donc 192. +97. est egal au quarré de l'aggregé
des costez, qui est 289. & 128. +97. par consequent
est egal au quarré de la difference, qui est 225. Et
partant on a satisfait au probleme.

On à toutesfois peu proceder de la sorte qui suit,
dautant que soit à B pl. soit à D pl. lon doit adiouster
vn mesme plan, afin qu'il se fasse vn quarré. Ce plan
soit A q. — B pl. doncques quant lon adioustera B pl.
ce qui en reuiendra sera vn quarré, sçauoir A quarré :
Il reste donc que D pl. +A q. —B plan, soit egal à vn
quarré : que ce quarré soit le quarré de F — A. donc
A q. +F q. —F par 2 A, sera egal à D pl. +A q. —B pl.

S

& l'equation estant bien ordonnee, $\frac{Fq.-+Bpl.--Dpl.}{2F}$ sera egal à A.

Soit B pl.18. D pl.9. F 9. A fait 5. le pl. adiousté 7. lequel adiousté à 18. fait 25. à 9. fait 16. les quarrez de 5. & 4.

ZETETIQVE VIII.

T Reuuer en nombre vn plan, lequel osté de l'vn ou l'autre de deux plans donnez, cé qui reste de part & d'autre soit vn quarré.

Soient les deux plans donnez en nombre, B pl. D pl. il faut treuuer en nombre vn autre plan, lequel osté, soit de B pl. soit de D pl. ce qui reste de part & d'autre soit vn quarré.

Ce plan cherché qu'il faut oster soit B pl. —A q. puis donc que de B pl. lon oste B pl. —A q. ce qui reste sera A q. de mesmes puis que de D lon oste B pl. —A q. ce qui restera sera D pl. —B pl. +A q. qui doit estre egal à vn quarré: Soit iceluy le quarré de A —F, donc $\frac{B_{?}-+Dpl.--Dp.}{2F}$ sera egal à A.

Derechef, le choix de F est embroüillé, qui doit estre tel, que le quarré de A qui est la largeur qui doit

venir de l'appliquation, soit plus petit que B pl. ou
D pl. C'est pourquoy il faut ordonner l'equation en
deux façons, sçauoir le pl. à oster soit A pl. donc B
pl. ― A pl. est egal à vn quarré, & D pl. ― A pl. sem-
blablement est egal à vn quarré. Soit B pl. plus grand
que D pl. leur difference sera B pl. ― D plan. C'est
pourquoy B pl. ― D pl. est entendu estre le quadruple du rectang'e sous les costez. B pl. ― A pl. le quarré de la somme d'iceux. D pl. ― A plan le quarré de
leur difference. Et A pl. est l'excez de B pl. par dessus
le quarré de l'aggregé, ou de D pl. par dessus le quarré de la difference des costez.

Soit donc G vn des costez, & plus grand que la
difference d'entre B pl. & D pl. ou plus petit que l'aggregé d'iceux : L'autre sera $\frac{B\,pl.\,-\,Dpl.}{4G}$ Et le quarré de
leur somme estant osté de B pl. ou de leur difference
de D pl. ce qui restera sera A pl.

Soit B pl. 44. D 36. G 1. l'vn des costez, l'on treuuera 2 pour l'autre costé, la somme des costez 3. la
difference 1. les quarrez 9. & 1. doncques le plan à
oster est 35. en ostant lequel, de 44. reste 9. & de 36.
reste 1.

ZETETIQVE IX.

TReuuer en nombre vn plan, duquel l'vn ou l'autre de deux plans donnez estant osté, ce qui reste soit vn quarré·

Soient les deux plans donnez en nombre, B plan D pl. il faut treuuer vn pl. lequel estant osté de B plan ou de D pl. ce qui restera soit vn nombre quarré : Le plan duquel il faut faire la soustraction soit A pl. partant A pl. — D pl. est egal à vn quarré, & derechef A pl. — B pl. est aussi egal à vn quarré : De plus en ceste hypothese il faut ordonner l'equation en deux façons, soit donc B pl. plus grand que D pl. donc le plus grand quarré A pl. — D pl. soit entendu estre le quarré de l'aggregé des deux costez, & le plus petit A pl. — B plan le quarré de la difference, en fin que l'interualle soit B pl. — D pl. qui est le quadruple du rectangle sous les costez, soit donc G vn des costez, l'autre sera $\frac{B\,pl.\;-\;\cdots}{4G}$ tellement que le quarré de leur somme estant adiousté à D pl. ou le quarré de leur difference estant soustrait de B pl. la somme sera A plan, de laquelle D pl. estant osté, restera le quarré de l'ag-

gregé, ou a pl. en estant osté, restera le quarré de la
difference.

Soit B plan 56 D pl. 48. G 1. vn des costez, 2 sera
l'autre costé, la somme des costez 3. la difference 1.
d'où A pl fait 57. duquel estant osté D pl reste 9. &
B pl reste L

ZETETIQVE X.

TRevuer en nombre deux costez tels que
le plan fait sous iceux, adiousté au quarré de l'vn & l'autre costé, ce qui en reuient
fasse vn quarré.

Soit vn des costez B. l'autre A. il faut que $A q. +$
B par $A + B q.$ soit egal à vn quarré, soit que ce quarré soit le quarré de A — D, & soit ordonnee l'equation: par ainsi $\frac{--Bq}{+2D}$ sera egal à A, d'où il arriue
que le premier costé est fait semblable à B q. + B par
2 D, le second à D q. — B q. Or ce qui est fait sous
iceux estant adiousté à l'vn & à l'autre quarré, est fait
semblable à D q q. + B q q. — B q. par 3 D q. + B c.
par 2 D + B par 2 D c. dont la racine est B q. + D q. +
B par D.

S iij

Soit D 2. B 1. l'vn des coftez eft 5. l'autre eft 3. Or la racine du quarré, compofé de chacun des quarrez d'iceux coftez, & du plan fous les coftez, eft 7. fçauoir 49. qui eft compofé de 25. 15. & 9.

Lemme feruant au Zetetique fuyuant.

Les trois folides tireZ de deux coftez font égaux.

L'vn qui eft fait du premier cofté, par le quarré du fecond, adjoufté au rectangle fous les coftez.

L'autre fait du fecond cofté, par le quarré du premier, adjoufté au rectangle.

Le troifiefme de la fomme des coftez par le mefme rectangle.

Soient les deux coftez B & D. ie dis que les trois folides venus d'iceux, font egaux entr'eux.

Le premier de B par D q. ⊣ B par D.

Le fecond de D par B q. ⊣ D par B.

Le troifiefme de B ⊣ D par B par D. Or cela eft euident, dautant que chacun de ces trois folides fait B par D q. ⊣ D par B q.

ZETETIQVE XI.

TReuuer en nombre trois triangles rectangles, dont l'aire soit egalle.

Le perpendicule du premier soit semblable à B
par 2 A. & la base à B q. ⊣ B par D. le perpendicule
du second à D par 2 A. la base à D q. ⊣ B par D. le
perpendicule du troisiesme à B ⊣ D par 2 A. la base à
D par B.

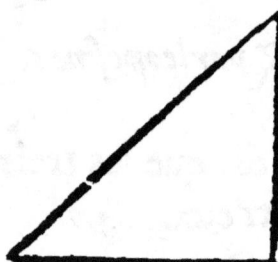

B par 2 A

D q. ⊣ B par D.

D par A

B q. ⊣ D par B.

B par 2 A. ⊣ D.
par 2 A.

D par B.

Partant les Aires feront egalles par le Lemme precedent. C'eft à fçauoir, chacune d'icelle fera egalle à
B par D q. par A $\to$ D $\to$ B q. par A, il refte donc feullement que les plans femblables aux hypothenufes
foient rationaux. Or lon pourra par le precedent
Zetetique choifir les coftez B & D, tels que B q. $\to$
D q. $\to$ B par D foient egaux à vn quarré: Que le
quarré qui fera tel foit A q. la bafe du premier triangle eft faite par interpretation, A q. $\to$ B q. celle du
fecond A q. $\to$ D q. celle du troifiefme B $\to$ D q. $\to$
A q.

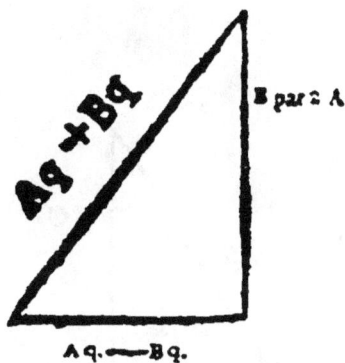

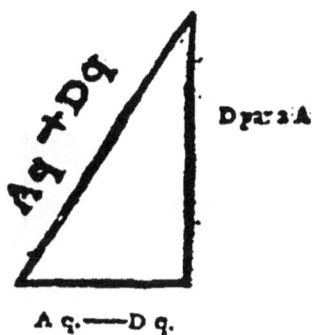

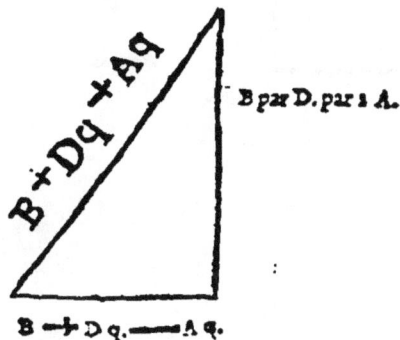

Or es coftez de triangles, la difference des quarrez defquels feruent de bafe, les perpendicules font
femblables au double du rectangle fous les mefmes
coftez, donc les hypothenufes fe treuueront compo-
fées de l aggregé d'iceux quarrez, & ce par vertu de
la conftitution reguliere des triangles rectangles :
Parquoy l'hypothenufe du premier eft faite femblable à A q. +B q. Celle du fecond à A q. +D q.
Celle du troifiefme à B +D q. +A q. partant on a
fatisfait au probleme.

Soit B 3. D 5. A fait 7. & les triangles font en nombre comme il s'enfuit.

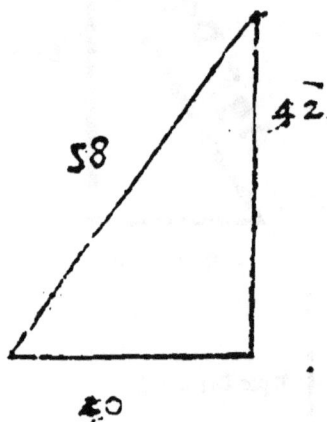

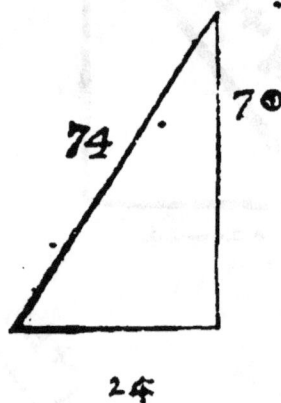

E

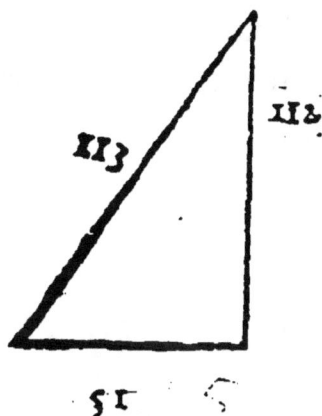

Le premier triangle fait de 3 & 7.

Le second triangle fait de 5 & 7.

Le troisiesme triangle fait de 8 & 7.

Et de tous ces trois l'Aire est pareille, sçauoir 840.

ZETETIQVE XII.

TReuuer en nombre trois triangles re-ctangles, en telle sorte que le solide sous les perpendicules, soit au solide sous les ba-ses, comme vn nombre quarré à vn nombre quarré.

Soit exposé en nombre quelque triangle rectan-gle, duquel l'hypothenuse soit donnee Z. la base D.

le perpendicule B. Et soit treuué vn second triangle,
de Z & D. & que Z par 2 D en soit la base, finallement soit treuué vn autre triangle de Z & B. & que
Z par 2 B en soit la base.

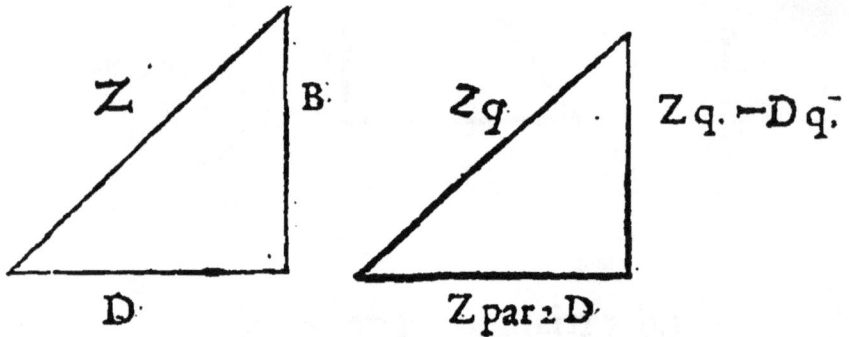

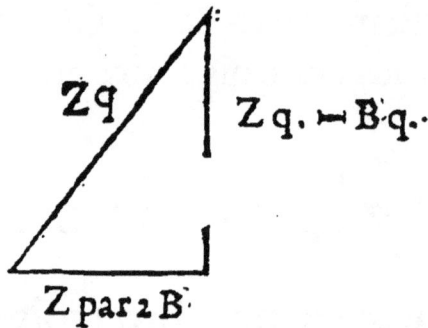

Le solide sous les perpendicules, est au solide sous
les bases, comme B q. est à 4 Z q.

Soit le premier triangle 5. 3. 4.

Le second sera 34. 30. 16.

T ij

Le troisiesme 41. 40. 9. le solide sous les perpendicules 4. 16. 9. est au solide sous les bases 3. 30. 40.
comme le quarré de 4. au quarré de 10.

ZETETIQVE XIII.

TReuuer en nombre deux triangles re-
&tangles, en telle sorte que le plan compris sous les perpendicules , moins le plan
compris sous les bases soit quarré.

Soit treuué en nombre quelque triangle rectangle, duquel l'hypothenuse soit donnee, sçauoir Z.
la base D. le perpendicule B. en sorte toutesfois que
le double du perpendicule soit plus grand que la base
D. & soit treuué vn autre triangle du double de B &
D, ou de racines semblables, & B par 4 D soit assi-
gné pour perpendicule, & generallement les plans
semblables aux costez soient appliquez à D. le plan
compris sous les bases estant osté du plan compris
sous les perpendicules, reste B q. ou quelqu'autre pl.
semblable à B q. suyuant que la similitude des racines
auec le double de B, & auec D, aura apporté de la
diuersité à l'operation.

$$\frac{4Bq+Dq}{D}$$

$$\frac{Bq.-Dq.}{D}$$

$$\frac{B\ par\ 4\ D}{D}$$

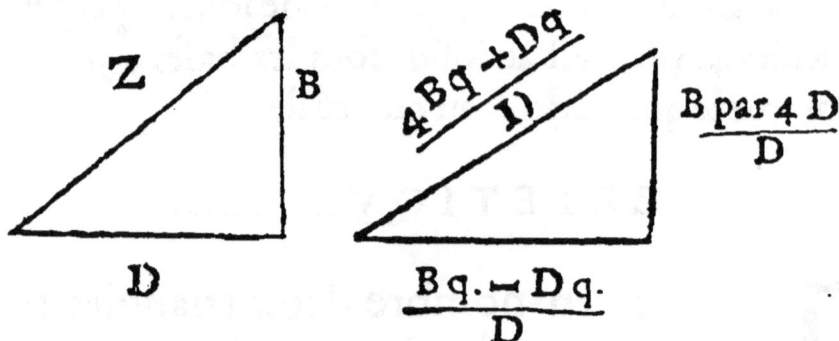

Soit le premier triangle 15. 9. 12.

Le second sera 73. 55. 48. Ce qui est produit sous les perpendicules 576. le produict sous les bases 495. la difference 81. de laquelle la racine est 9.

ZETETIQVE XIV.

TReuuer en nombre deux triangles rectangles, tels que le plan compris sous les perpendicules, adjousté au plan compris sous les bases soit quarré.

Soit trenué en nombre quelque triangle rectangle, duquel l'hypothenuse soit donnee Z. la base D. le perpendicule B. en sorte neantmoins que le perpendicule donné B, soit plus grand que le double de la base D. Et soit fait vn autre triangle de B, & du double de D, & puis B par 2 D en soit la base, & generallement les plans semblables aux costez soient appliquez à B. le plan compris sous les perpendicules, adjousté au plan compris sous les bases, donne B q.

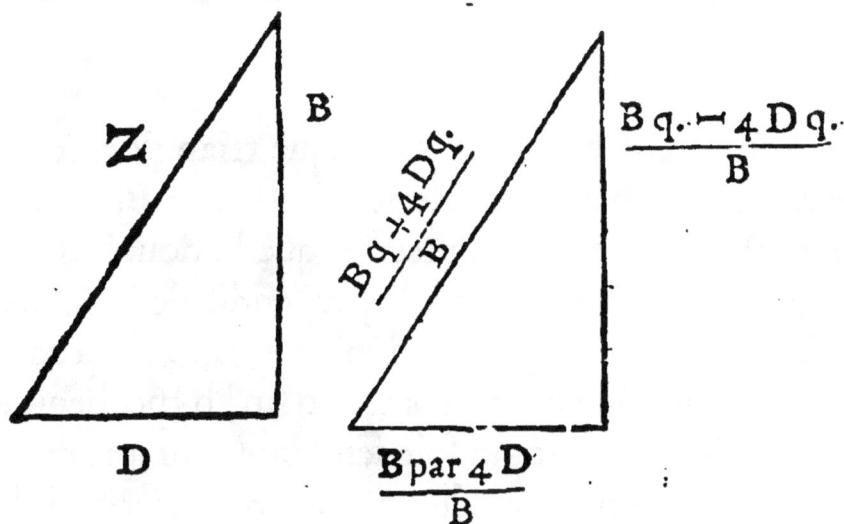

Z B D

$\dfrac{Bq.+4Dq.}{B}$

$\dfrac{Bq.-4Dq.}{B}$

$\dfrac{B \,par\, 4\, D}{B}$

Soit le premier triangle rectangle 13. 12. 5. vn triangle estant fait de 5. & 6. ou des semblables 10. & 12. Le second sera 61. 60. 11. si bien que ce qui est fait sous les perpendicules est 396. ce qui est fait sous les bases est 900. la somme qui en reuient 1296. qui est vn quarré duquel la racine est 36.

ZETETIQVE XV.

TReuuer en nombre trois triangles rectangles, tels que le solide sous les hypothenuses, soit au solide sous les bases,
comme vn nombre quarré à vn nombre
quarré.

Soit treuué en nombre quelque triangle rectangle, duquel l'hypothenuse soit Z. la base B. le perpendicule D. en sorte toutesfois que le double de la
base B, soit plus grand que le perpendicule D. & soit
fait vn second triangle du double de B, & de la base
D. & B par 4 D en soit la base. En fin l'hypothenuse
du troisiesme triangle soit semblable au produict
sous les hypothenuses du premier & du second, la
base au produict fait sous les bases d'iceux, moins le
produict sous les perpendicules, d'où par consequét
le perpendicule est egal à ce qui est fait sous les bases
& perpendicules alternatiuement, & le solide sous
les hypothenuses, sera au solide sous les bases, comme vn quarré à vn quarré.

Z D

B

$4Bq.+Dq$

$4Bq.-Dq$

B par 4 D.

Z par $4Bq.+Z$ par Dq

B q. par 4 D — B par 4
D q. + D c.

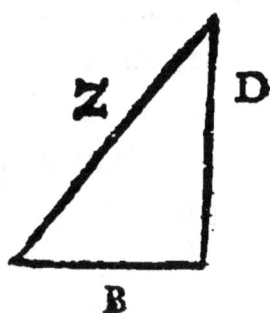

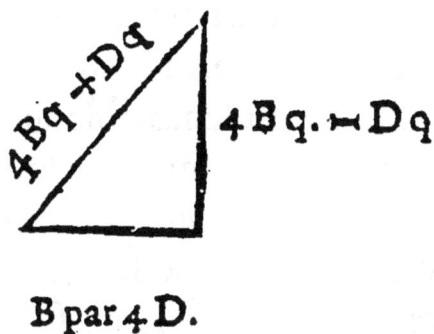

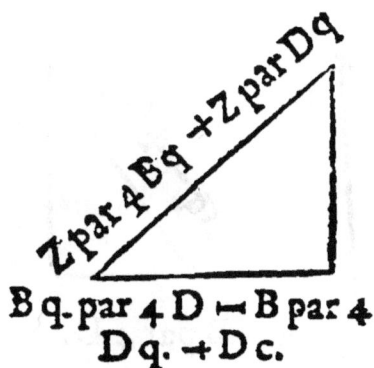

Soit le premier triangle 5. 3. 4. Le second sera 13.
12. 5. Le troisiesme 6 5. 16. 65.

Or le solide sous les hypothenuses, est au solide
sous les bases, comme le quarré de 65. au quarré de
24.

Ou bien soit treuué en nombre vn triangle rectangle, duquel l'hypothenuse soit Z. la base D. le
perpendicule B. en telle sorte toutesfois, que B soit
plus

plus grand que le double de la base D. puis soit treuué vn second triangle de B, & du double de D, & que
4 B par D en soit la base. En fin l'hypothenuse du
troisiesme est semblable au produict sous les hypothenuses du premier & du second. La base au produict sous les bases, plus le produict sous les perpendicules, si bien que le perpendicule soit egal à la difference des produicts, sous les bases alternatiuement.

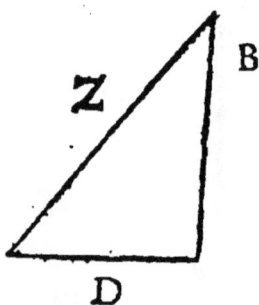

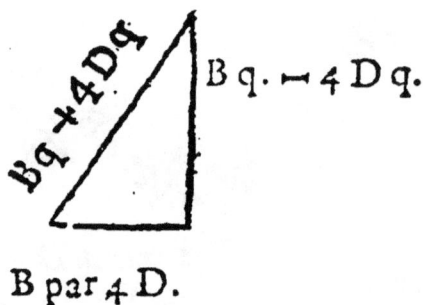

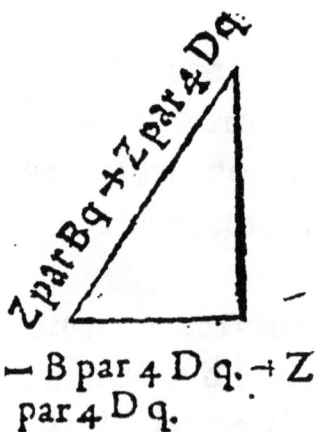

Z / B / D

$Bq + 4Dq$ / $Bq. - 4Dq.$ / B par $4 D.$

Z par $Bq + Z$ par $4 Dq$ / $Bc - B$ par $4 D q. - Z$ par $4 D q.$

Le folide fous les hypothenufes, fera au folide fous les bafes, comme vn quarré à vn quarré.

Soit le premier triangle 13. 5. 12. Le fecond fera 61. 60. 11. Le troifiefme *793. 432. 665.* Et le folide fous les hypothenufes, fera au folide fous les bafes, comme le quarré de 793. au quarré de 360.

ZETETIQVE XVI.

TReuuer en nombre vn triangle rectangle, duquel l'aire foit egalle à celle qui fera donnee, & aux conditions donnees.

Car fi l'aire eft donnee $\frac{Bqq - Xqq}{Dq}$ foit fait vn triangle de $Bq. + Xq.$ & les planplans femblables aux coftez, foient appliquez à X par D par 2 B.

Soit B 3. X 1. D 2. foient donc 81. & 1. deux quarrez quarrez, & la difference de ces quarrez quarrez foit 80. foit donnee l'aire $\frac{80}{4}$ C'eft à dire 20. l'on fera vn triangle de 9. & 1. l'aire en fera $\frac{720}{36}$ partant l'aire eftant prefcripte, il faudra voir fi le mefme nombre, fimple ou multiplié par vn nombre quarré, augmente d'vne vnité, ou bien de quelque autre quarré quarré, fait vn quarré quarré. Comme fi 15. eft pro-

$$\frac{82}{6}$$

s

$$\frac{72}{56}$$

$$\frac{12}{6}$$

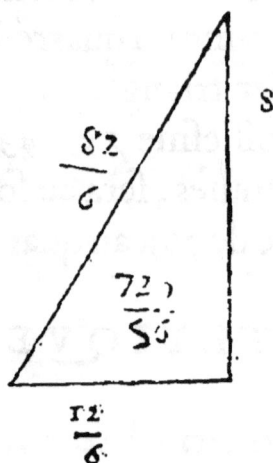

pofé, dautant que 1. adjoufté à 15. fait 16. qui eft le quarré quarré de 2. le triangle fera fait de 4. & 1. Et fi l'aire eftoit donnee, $\frac{D\,c.\,par\,x-x\,c.vit\,D.}{x\,\eta}$ foit fait vn triangle de D & X. & les plans femblables aux coftez foient appliquez à X.

Soit D 2. X 1. & par confequent que l'aire donnee foit 6. foit fait vn triangle de 2. & 1. l'aire en fera 6. partant l'aire eftant donnee, il faudra voir fi le nombre propofé, ou luy-mefme multiplié par vn nombre quarré, fait vn nombre cube, moins fon cofté, comme fi 60. eftoit propofé, foit fait vn triangle de 4. & 1.

V ij

ZETETIQVE XVII.

TReuuer en nombre trois plans proportionnels, le moyen defquels adioufté au
dernier ou au premier, face vn quarré.

E plan foit le moyen proportionnel des plans
dont eft queftion, & que le premier foit pofé B q. —
E plan, le dernier G q. — E pl. E plan donc eftant
adioufté au premier plan, fera vn quarré, fçauoir
B q. le mefme E pl. aufsi adioufté au dernier, fera vn
quarré, fçauoir G q. Il s'enfuit donc que ces trois pl.
foient proportionels, & par confequent ce qui eft
produict du plan moyen, proportionnel par foy-
mefme, eft egal à ce qui fe fait fous les autres plans
extremes, laquelle comparaifon eftant inftituee fuy-
uant les preceptes de l'art, on treuuera $\frac{B\ \text{par}\ G q.}{B q. + G q.}$ eftre
egal à E plan, d'où les trois plans proportionnels ont
entr'eux cet habitude.

Le premier.	Le fecond.	Le troifiefme.
$\dfrac{B q q.}{G q. + B q.}$	$\dfrac{B q.\ \text{par}\ G q.}{B q. + G q.}$	$\dfrac{G q q.}{B q. + G q.}$

Soit B 1. G 2. les plans cherchez seront ceux qui
ensuiuent, le premier $\frac{4}{3}$ le second $\frac{4}{5}$ le troisiesme $\frac{16}{5}$ le
moyen proportionnel adiousté au premier, fait 1. au
second fait 4. les mesmes plans soient multipliez par
quelque quarré, comme par exemple par 25. pour satisfaire à ce qui a esté requis au probleme, les plans
5. 20. 80. seront ceux qui auront les conditions requises.

ZETETIQVE XVIII.

EStans donnez deux cubes, treuuer en
nombre deux autres cubes, la somme
desquels soit egalle à la difference des donnez.

Soient les deux cubes donnez B c. D c. celuy-cy
plus grand, l'autre plus petit, il faut treuuer deux autres cubes, la somme desquels soit egalle à B c. — D c.
le costé du premier cube à chercher soit B — A. le
costé du second $\frac{B q. 3 A}{D q.}$ — D, & en soient treuuez les
cubes, & soient comparez à B c. — D c. on treuuera
$\frac{D c. par 3 B.}{2 c. + D c.}$ estre egal à A. partant le costé du premier
cube cherché est, $\frac{B par B c. — B par 2 D c.}{2 c. + D c.}$ celuy cy du second

V iij

$$\frac{D \text{ par } 2 B c. - D \text{ par } D c.}{2 B c. - D c.}$$ & la fomme de ces cubes eft egalle à
B c. — D c. Ainfi on peut treuuer quatre cubes, le
plus grand defquels fera egal aux trois autres : Car
eftant pris les deux coftez B & D, l'vn plus grand, &
l'autre plus petit, le cofté du cube compofé eft fait
femblable à B, par B c. + B par D c. le cofté fingulier
du premier à D, par B c. + D par D c. Celuy du fecond à B, par B c. — B par 2 D c. Le cofté du troifiefme, à D par 2 B c. — D par D c. Or il eft euident
du procedé qu'il eft requis, que le cube du plus
grand cofté pris, foit plus grand que le double du
cube du plus petit.

Soit B 2. D 1. le cube de la racine 6 fera egal à chacun des cubes des racines 3. 4. 5. les cubes de 6 N, &
3 N eftant propofez, lon treuuera les cubes de 4 N
& 5 N, dont la fomme fera egalle à la difference de
ceux là.

ZETETIQVE XIX.

EStant donnez deux cubes, treuuer en nombres deux autres cubes, dont la difference soit egalle à la somme des cubes donnez.

Soient ces deux cubes donnez B c. & D c. l'vn plus grand l'autre plus petit, le costé du premier des cubes que l'on cherche soit B 4 A, le costé du second soit $\frac{B \text{ par } A}{Dq}$ — D. & d'iceux costez soient treuués les cubes, & soit leur difference comparee à B c. + D c. l'on treuuera $\frac{Dc. \text{ par } 3. B}{Bc. - Dc.}$ estre egal à A : partant le costé du plus grand cube que l'on cherche sera $\frac{B \text{ par } Bc. + B \text{ par } Dc.}{Bc. - Dc.}$ celuy du second D par 2 Bc. — D par D c. leur difference sera egalle à B c. + D c. par ainsi on peut treuuer quatre cubes, le plus grand desquels sera egal aux trois autres, car ayất pris les deux costez B & D, l'vn plus grád, l'autre plus petit, le costé du cube composé, est fait semblable à B par B c. + 2 D c. le costé du premier des cubes particuliers fera Đ par 2 B c. + D c. celuy du second B par B c. — B par D c. celuy du troisiesme D par B c. + D c.

Soit B 2. D 1. le cube de 20. est egal à chacun des cubes de 17. 14. 7. dont les cubes de 14. N & 7. N estant donnez, lon treuuera les cubes de 20. N & 17. N, dont la difference sera egalle à la somme de ceux-là.

ZETETIQVE XX.

DEux cubes estant donnez , treuuer par nombre deux autres cubes, desquels la difference soit egalle à la difference des cubes donnez.

Soient les deux cubes donnez B c. D c. celuy-cy plus grand, cet autre plus petit, le costé du premier des cubes que lon cherche, soit A — D. celuy du second $\frac{D \, q \text{-par} A}{B \, q.}$ desquels costez soient treuuez les cubes, & leur difference soit comparee à B c. — D c. on treuuera $\frac{D \, q \text{-par} \, 3. B \, c}{B \, c. \, +D \, c.}$ estre egal à A. Partant le costé du premier cube est $\frac{D \, \text{par} \, 2. \, B \, c. \, —D \, c.}{B \, c. \, +D \, c.}$, celuy du second $\frac{D \, \text{par} \, 2. \, D \, c. \, —B \, c.}{B \, c. \, +D \, c.}$ & leur difference est egalle à la difference de B c. & D c. la chose reuient au mesme point, si la racine du premier cube à chercher est posee, B — A. celle du second D — $\frac{B \, q. \text{-par} \, A.}{D \, q.}$ par ainsi l'on

peut

peut treuuer quatre cubes , deux defquels foient egaux aux deux autres.

Car ayant pris deux coftez B & D, celuy cy plus grand, cet autre plus petit, le cofté du premier cube eft fait femblable à D par 2 B c. ─ D c. le cofté du fecond à D par B c. ╋ D c. le cofté du troifiefme à B par B c. ╋ D c. le cofté du quatriefme à B par 2 D c. ─ B c. Or il eft euident du procedé, qu'il faut que B c. quoy que plus grand que D c. foit neantmoins plus petit que 2 D c.

Soit B 5. D 4. le cube de 252. & 248. eft egal au cube de 5. & de 315. donc les cubes de 315. N, & 252 N eftant donnez, on treuue les cubes de 248. N, & de 5. N. donc la difference fera egalle à la difference de ceux-là.

F I N.

X

LE CINQVIESME LIVRE
DES ZETETIQVES.

ZETETIQVE PREMIER.

Reuuer en nombre trois plans, fai-
fans enfemble vn quarré, tels que
pris deux à deux ils faffent vn quarré.

La fomme des trois plans foit le quarré de A+B,
fçauoir A q. +$\frac{1}{2}$ B par 2 A+B q. Or que le premier
auec le fecond faffe A q. Donc le troifiefme plan fera
B par 2 A+B q. Le fecond auec le troifiefme foit le
quarré de A — B. ce fera A q. — B par 2 A+B q.
donc refte le fecond plan, fçauoir A q. — B par 4 A.

Et partant le premier plan fera B par 4 A. lequel adjoufté au troifiefme plan, fait B par 6 A.→B q. Il refte
donc que ce dernier plan, compofé du premier & du
troifiefme que lon cherche., foit egal à vn quarré:
qu'iceluy foit D q. donc $\frac{Dq.-Bq}{6B}$ fera egal à A. donc
le premier plan eft fait femblable à D q. par 24 B q.
← 24 B q q. le fecond à D q q. →25 B q q. ← B q. par
26 D q. le troifiefme à B q. par 12 D q. → 24 B q q.

Soit D 11. B 1. le premier plan fait 2280. le fecond
11520. le troifiefme 1476. qui fatisfont à la queftion.
Ce qui arriuera pareillement, iceux eftant diuifez
par quelque quarré, tel qu'eft 36. les plans qui en prouiendront font 80. 320. 41.

Soit D 6. B 1. le premier plan eft 840. le fecond
385. le troifiefme 456.

ZETETIQVE II.

TRouuer en nombre trois quarrez efloi-
gnez entr'eux d'vne egalle diftance.

Soit le premier A q. le fecond A q. → B par 2 A →
B q. le troifiefme donc fera A q. → B par 4 A → 2 B q.
le cofté duquel f'il eft fuppofé eftre D ← A, il s'enfuit

que D q. — A par 2 D ＋ A q. est egal à A q. ＋ B par 4
A ＋ 2 B q. partant $\frac{Dq.-2Bq.}{2D+4B}$ sera egal à A. donc le premier costé est fait semblable à D q. — 2 B q. le se-
cond costé à D q. ＋ 2 B q. ＋ B par 2 D. le troisiesme
à D q. ＋ 2 B q. ＋ B par 4 D.

Soit D 8. B 1. le costé du premier quarré est 62. celuy du second 82. celuy du troisiesme 98. desquels
costez les quarrez sont *3844. 6724. 9604.* lesquels
tous estant diuisez par quelque quarré, comme seroit
par 4. les plans qui prouiendront de la diuision seront *961. 1781. 2401.* qui ont entr'eux mesme interualle, ceux-cy de *720.* ceux-là de *2280.*

Z E T E T I Q V E I I I.

TReuuer en nombre trois plans æquidi-
stans, deux desquels pris ensemble, fassent vn quarré.

Soient treuuez par le Zetetique precedent trois
quarrez, distants d'vn egal interualle que le premier,
& plus petit soit B q. le second B q. ＋ D pl. le troisiesme B q. ＋ 2 D pl. que le premier, & le second de
ces trois plans æquidistants que lon cherche, fasse

B q. le premier & le troisiesme B q. ⊢ D plan, finalement le second & le troisiesme B q. ⊢ 2 D pl. & que
la somme des trois soit A plan, partant le troisiesme
sera A pl. ⊢ B q. le second A pl. ⊢ B q. ⊢ D pl. le
premier A pl. ⊢ B q. ⊢ 2 D pl. partant ces trois pl.
seront æquidistants, car la difference du premier &
du second est D pl. aussi bien que du premier & du
troisiesme. Il reste donc que la somme de ces trois
plans qui est 3 A pl. ⊢ 3 B q. ⊢ 3 D plan soit egalle à
A pl. parquoy $\frac{3\,B\,q.\,\dashv\,3\,D\,pl.}{3}$ est egal à A pl.

Le premier pl sera $\frac{2\,q.\,\dashv\,D\,pl.}{3}$ qui vaut autant, tout
estant multiplié par 4. que 2 B q. ⊢ 2 D pl.

Le second $\frac{B\,q.\,\dashv\,pl.}{2}$ qui vaut autant, tout estant multiplié par 4 que 2 B q. ⊣ 2 D pl.

Le troisiesme $\frac{2\,q.\,\dashv\,3\,D\,plan.}{2}$ qui vaut autant, tout estāt
multiplié par 4. que 2 B q. ⊣ 6 D pl.

L'interualle est 4 D pl. soit entre le premier & second, soit entre le second & troisiesme. Le premier
auec le second fait 4 B q. Le premier auec le troisiesme 4 D q. ⊣ 4 D pl. quarré, pris en la supposition,
daūtant que B q. ⊣ D pl. est supposé estre vn quarré.
Le second auec le troisiesme est 4 B q. ⊣ 8 D pl. qui
est aussi vn quarré pris en la supposition, parce qu'il
est supposé estre egal à B q. ⊣ 2 D pl.

Soit B q. 9 61. D pl. 720. le premier plan sera 482.

le second 3368. le troisiesme 6242. desquels l'interualle est 2280. le premier auec le second fait le quarré de 62. auec le troisiesme le quarré de 82. le second finalement auec le troisiesme, le quarré de 98.

ZETETIQVE IV.

TRouuer en nombre trois plans, lesquels pris deux à deux ensemble, la somme d'iceux estant adioustée à vn plan donné, fassent vn quarré.

Soit le plan donné Z, & l'aggregé tant du premier plan cherché que du second, soit A q. + B par 2 A + B q. — Z plan, afin qu'en adioustant à iceluy aggregé Z plan, l'on fasse le quarré de A + B. or que l'aggregé du second & du troisiesme soit A q. + D par 2 A + D q. — Z plan, afin qu'en adioustant à iceluy aggregé Z pl. l'on fasse le quarré de A + D. Et la somme des trois A q. + G par 2 A + G q. — Z plan, afin qu'en adioustant Z plan, l'on fasse le quarré de A + G. lors donc qu'on ostera de ceste somme l'aggregé du premier & du second, restera pour le troisiesme plan G par 2 A + G q. — B par 2 A — B q. lors pareillement qu'on ostera de ceste mesme somme l'aggregé du second & du troifiefme, il reſtera pour le premier plan G par 2 A $-$ G q. $-$ D par 2 A $-$ D q. partant l'aggregé du premier & du troifiefme plan, adiouſté à Z plan ſera G par 4 A $-$ 2 G q. $-$ B par 2 A $-$ B q. $-$ D par 2 A $-$ D q. $+$ Z plan, qui doit eſtre egal à vn quarré. Soit iceluy F q. donc $\frac{F q. + D q. + 2 q. - 2 G q - z^{pl.}}{4 G - 2 B - 2 D}$ ſera egal à A.

Soit Z pl. 3. B 1. D 2. G 3. F 10. A fait 14. l'aggregé du premier & ſecond plan eſt 222. quarré de 15. en oſtant 3. l'aggregé du ſecond & du troifiefme eſt 253. quarré de 16. en ayant oſté 3. la ſomme des trois eſt 286. quarré de 17. en oſtant 3. donc le premier pl. de ceux qu'on cherche ſera 33. le ſecond 189. le troifiefme 64. lefquels ſatisfont à ce qui eſt demandé.

ZETETIQVE V.

TRenuer en nombre trois plans, lefquels pris deux à deux enſemble, & de la ſomme d'iceux trois oſtant vn plan donné, reſte vn quarré.

Soit donné Z plan, la ſomme du premier & du ſecond ſoit A q. $+$ Z plan, afin qu'en oſtant Z plan il reſte vn quarré, ſçauoir le quarré de A. La ſomme
du

du fecond & du troifiefme foit pour pareille raifon
A q. ᐩ B par 2 A ᐩ B q. ᐩ Z plan, afin qu'en oftant
Z plan, refte le quarré de A ᐩ B. En fin la fomme
de tous trois foit pour la mefme raifon A q. ᐩ D par
2 A ᐩ D q. ᐩ Z plan, afin qu'en oftant Z plan, refte le quarré de A ᐩ D. Si doncques de la fomme de
tous les trois on ofte l'aggregé du premier & du fecond, reftera pour le troifiefme plan D par 2 A ᐩ
D q. Si de la mefme fomme on ofte l'aggregé du fecond & du troifiefme, refte pour le premier plan D
par 2 A ᐩ D q. — B par 2 A — B q. Doncques de
l'aggregé du premier & du troifiefme, en oftant Z
plan, reftera le fecond plan D par 4 A ᐩ 2 D q. — B
par 2 A — B q. — Z plan. Soit iceluy F q. donc

$$\frac{\cdots}{4 \cdots = 2 \mathrm{D}} \text{ fera egal à A.}$$

Soit Z pl. 3. B 1. D 2. F 8. A fait 10. l'aggregé du
premier & fecond plan eft 103. fçauoir le quarré de
10. affecté de l'addition de 3. l'aggregé du fecond &
du troifiefme 124. qui eft le quarré de 11. augmenté
de 3 la fomme des trois 147. qui eft le quarré de 12.
augmenté de 3. En fin l'aggregé du premier & du
troifiefme 67. quarré de 8. augmenté de 3. Donc le
premier plan de ceux qui font cherchez fera 23. le
fecond 80. le troifiefme 44. qui fatisfont à ce qui eft
requis.

Y

ZETETIQVE VI.

TReuuer en nombre infinis quarrez, chacun defquels adjoufté à vn plan donné
faffe vn quarré, & d'infinis defquels ayant
ofté vn plan donné, refte vn quarré.

Soit Z pl. le pl. donné, le fousquadruple duquel foit
refolu en 2 coftez, qui le produifent tels que font
B par D. Et derechef F par G. Si bien que B par 4 D,
ou bien F par 4 G foit egal à Z pl. donc le quarré de
B — D adioufté à Z pl. qui eft le quadruple du rectangle fous les coftez, fera vn quarré, fçauoir celuy
de B — D. Derechef le quarré de F — G, augmenté du
quadruple du plan fous F & G, fera vn quarré, fçauoir le quarré de F — G. De mefme en fera-il de 2
coftez quels qu'ils foient, à l'vn defquels le plan fous
quadruple de Z plan aura efté appliqué, l'autre fera
celuy qui prouiendra de l'application.
    Soit Z plan 96. le fous-quadruple d'iceluy 24. qui
eft fait fous 1 & 24. ou fous 2 & 12. ou fous 3 & 8. ou
fous 4 & 6. & fous plufieurs nombres rompus, qui

font infinis : partant le quarré de 23. adjousté à 96.
fait le quarré de 25. & le quarré de 10 adiousté à 96.
fait le quarré de 14. & le quarré de 5 adiousté à 96.
fait le quarré de 11. & le quarré de 2 adiousté à 96.
fait le quarré de 10. & ainsi des autres.

Au rebours, le quarré de B + D estant diminué de
Z pl. il restera le quarré de B — D. Comme pareillement le quarrè de F + G estant diminuè de Z pl. restera le quarrè de F — G. 625 — 96. fait 529. quarrè
de 23. & 196 — 96. fait 100. le quarrè de 10.

Y ij

ZETETIQVE VII.

TReuuer en nombre trois coſtez, tels que
le plan qui eſt fait ſous deux d'iceux,
eſtant adiouſté à vn plan donné, il en pro-
uienne vn quarré.

Soit donné Z plan, or le plan qui eſt fait ſous le
premier & ſecond coſté, ſoit B q. — Z pl. tel qu'en
adiouſtant Z plan, ce qui en prouiendra ſoit vn quarré, meſmes que le ſecond coſté ſoit A. doncques le
premier ſera $\frac{B\,q.-Z\,pl.}{A}$ De plus, ce qui eſt fait ſous le ſecond & troiſieſme coſté, ſoit pour la meſme raiſon
D q. — Z plan, le ſecond coſté demeurant A. le troi-
ſieſme eſt $\frac{D\,q.-Z\,pl.}{A}$ c'eſt à dire $\frac{B\,q.-Z\,plan}{A}$ par $\frac{D\,q.-Z\,plan}{A}$ adiouſté à Z plan ſoit vn quarré. Que ſi B q. — Z plan
eſtoit vn quarré, tel que F q. & D q. — Z pl. fiſt vn
quarré, ſçauoir G q. l'equatió ſeroit parfaite : Car en
ce cas $\frac{F\,q.\ par\ G\,q.-+Z\,pl.\,p.-r\,A\,q}{A\,q.}$ doit eſtre egal à vn quarré.
Ce qui ne ſera pas difficile par maniere de dire, en
ſuppoſant le coſté que lon cherche eſtre $\frac{F\,|a\cdot G\equiv\,ii\,par\,A.}{A}$
d'où il arriuera que $\frac{ri\,par\,F.\,par\,z\,G.}{H\,q.-Z\,pl.}$ ſera egal á A. En ceſte
ſuppoſition là, H q. eſt plus grand que Z plan, en
celle cy il eſt plus petit. De vray, lon peut treuuer in-

finis quarrez, aufquels vn plan donné eftant ofté,
reftera vn quarré. Et reciproquement infinis quarrez
aufquels ayant adioufté vn plan donnè, il en prouiendra vn quarrè. Tellement qu'il n'eft pas libre de
prendre tels quarrez qu'il pourroit fembler bon,
comme B q. ou D q. mais ceux lá feulement qui auront les conditions requifes. C'eft á dire, qu'il faudra
choifir F & G, tels que le quarrè de chacun d'iceux,
adioufté á Z pl. faffe vn quarrè, comme en cet endroit il arriue á B q. & D q. & ce faifant l'equation
que nous venons de rapporter aura lieu.

Soit Z pl. 192. F 8. C 2. H foit fuppofé eftre 6. A eft
fait $\frac{16}{13}$ le premier coftè fera 52. le fecond $\frac{16}{13}$ le troifiefme $\frac{12}{4}$ le premier par le fecond fait 64. le fecond par
le troifiefme fait 4. le premier par le troifiefme 169.
Partant ce qui eft fait fous le premier & le fecond,
adioufté á 192. eft 256. quarrè de 16. Ce qui eft fait fous
le fecond & troifiefme, adioufté á 142. eft 196. quarré
de 14. Et en fin ce qui eft fait fous le premier & troifiefme eft 361. quarrè de 19.

ZETETIQVE VIII.

TReuuer en nombre trois coſtez tels que du plan qui eſt compris ſous deux de chacun d'iceux, en oſtant vn plan donné il en vienne vn quarré.

Soit le pl. donné Z pl. & que ce qui eſt fait ſous le premier & ſecond coſté ſoit ſuppoſé eſtre B q. + Z pl. afin qu'oſtant Z pl. le reſte ſoit vn quarré. Que le ſecond coſté ſoit A. le premier donc ſera $\frac{Bq.+Zplan}{A}$ Ce qui eſt fait ſous le ſecond & troiſieſme coſté pour la meſme cauſe, ſoit D q. + Z pl. A demeurant pour le ſecond coſté: le troiſieſme ſera $\frac{Dq.+ZPl.}{A}$ reſte donc qu'en oſtant Z pl. de ce qui eſt fait du premier par le troiſieſme, c'eſt à dire $\frac{Bq.+Zplan}{A}$ par $\frac{Dq.+Zpl.}{A}$ ſoit vn quarré. Que ſi B q. + Z pl. faiſoit vn quarré tel qu'eſt F q. & D q. + Z pl. fiſt auſſi vn quarré tel qu'eſt G q. l'equation ſeroit accomplie. Car en ce cas $\frac{Fq.par\ Gq.-Zpl.}{par\ Aq.}$ ſera egal à vn quarré. Ce qui ne ſera pas difficile par maniere de dire, en faiſant que ce quarré ſoit le quarré de $\frac{F\ par\ G-H\ par\ A}{A}$ au moyen dequoy $\frac{H\ par\ F\ par\ 2G}{Zpl.+Hq.}$ ſera egal à A. Mais puis qu'il eſt permis de treuuer infinis quarrez, ausquels vn plan donné adjousté fasse vn quarré, & reciproquement en estant osté, il reste vn quarré. Il s'ensuit qu'il n'est pas libre de prendre B q. & D q. tels que lon veut, mais qui soient seulement de la sorte, que les conditions requises s'y rencontrent : sçauoir que les costez F & G doiuent estre choisis tels, qu'ayant osté de chacun d'iceux Z plan, reste vn quarré, ainsi que B q. & D q. font en ce rencontre ; & ce faisant l'equation que nous venons de rapporter aura lieu.

Soit Z pl. 40. F 7. G 11. B fait 3. D 9. H soit prise 24. A fait 6. le premier costé $\frac{12}{6}$, le second 6. le troisiesme $\frac{121}{6}$, le produict du premier par le second est 44. en ostant 40. il reste 4. qui est vn nombre quarré, le produict du second par le troisiesme est 121. en ostant 40. reste 81. nombre quarré, le produict du premier par le troisiesme est $\frac{5929}{36}$, duquel ostant $\frac{1440}{36}$ c'est à dire 40. il reste $\frac{4489}{36}$ qui est vn nombre quarré, duquel la racine est $\frac{67}{6}$.

ZETETIQVE IX.

TReuuer en nombre vn triangle rectangle, l'aire duquel estant adioustée à vn
plan donné, composé de deux quarrez, fasse
vn quarré.

Soit donné Z pl. composé de B q. & D q. soit du
quarré de l'aggregé des costez B & D, & du quarré
de leur difference fait vn triangle rectangle, l'hypothenuse donc sera semblable à 2 B q q. $+$ B q. par 12
D q. $+$ 2 D q q la base à B par D par Z pl. le perpendicule au quarré de B $+$ D par B quarrez, de B $-$ D.
Que le tout soit appliqué à B $+$ D par Z quarrez,
de B $-$ D. l'aire sera faite semblable á $\frac{Z\,pl.\,par\,2\,par\,2\,D.}{le\,quarre\,de\,B\,-\,D.}$
adioustez-y Z pl. dautant que le quarré de B $-$ D
$+$ B par 2 D est egal á B q. $+$ D q. c'est á dire á Z pl.
la somme sera $\frac{Z\,F}{-\,q}$ quarré de la racine de $\frac{Z\,pl.}{B\,-\,D}$

Soit Z pl 5. D 1. B 2. le triangle rectangle sera tel
qu'il s'ensuit cy apres, l'aire $\frac{72}{36}$ c'est á dire 20. adioustez-y 5. la somme sera 25. duquel la racine est 5.

ZETETI-

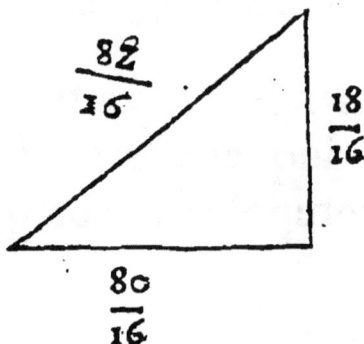

ZETETIQVE X.

TReuuer en nombre vn triangle rectangle, de l'aire duquel oftant vn plan donné, refte vn quarré.

Soit donné Z pl. autrement B par 2 D. & foit du
quarré de l'aggregé des coftez, & du quarré de leur
difference fait vn triangle rectangle, duquel l'hypothenufe fera femblable à 2 B q q.–B q. par 12 D q.–
2 D q q. la bafe à B q. par 4 Z pl.–D q. par 4 Z pl. le
perpendicule au quarré de B–D par 2 quarrez de B
–D. Que le tout foit appliqué à B–D par 2 B–
D q. l'aire fera faite femblable à $\frac{B q. par Z p. -\!-D q. par Z pl.}{2 -\!-D q.}$
oftez-en Z pl. dautant que B q.–D q. – B – D q.
$$\overline{Z}$$

vaut Z pl. reſtera $\frac{Z\,pl.}{B-D\,q.}$ quarré de la racine $\frac{Z\,pl.}{D-\mathcal{Z}}$

Soit D 1. B 5. par le moyen dequoy Z pl. ſera 10. le triangle rectangle ſera celuy-cy.

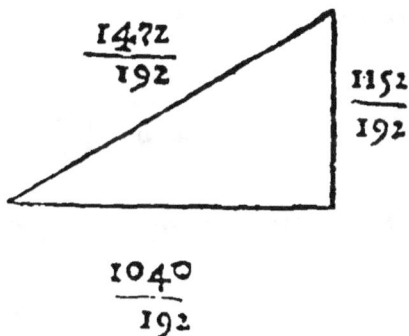

$$\frac{14\mathcal{Z}2}{192} \qquad\qquad \frac{1152}{192}$$

$$\frac{1040}{192}$$

L'aire ſera $\frac{599040}{36864}$ oſtez-en 10. reſte $\frac{23\mathcal{Z}400}{36864}$ quarré de la racine $\frac{480}{192}$ ou $\frac{10}{4}$

ZETETIQVE XI.

TRevuer en nombre vn triangle rectan-gle, l'aire duquel eſtant oſtée d'vn plan donné, reſte vn quarré.

Soit le pl. donné Z pl. autrement B par 2 D ſoit du quarré de l'aggregé des coſtez B+D, & du quarré de leur difference fait vn triangle rectangle, duquel

partant l'hypothenuse sera semblable à 2 B q q. +
B q. par 12 D q.+2 D q q. la base à B q par 4 Z pl. +
D q. par 4 Z pl le perpendicule à B+D q.par 2 B +
D q Que le tout soit appliqué à B + D par 2 B +
D q. l'aire sera faite semblable à $\frac{2 \text{ c.par } Z \text{ pl.} + D \text{ q par } Z \text{ pl}}{B + D q}$ qui
soit ostee de Z pl dautant que B+D q. + Bq. + Dq.
est egal à B par 2 D, reste $\frac{Z \text{ pl. pl.}}{B + D q}$ qui est le quarré de la
racine $\frac{Z \text{ pl.}}{B + D}$.

Soit D 1. B 5 tellement que Z pl. sera 10. le triangle rectangle sera celuy-cy.

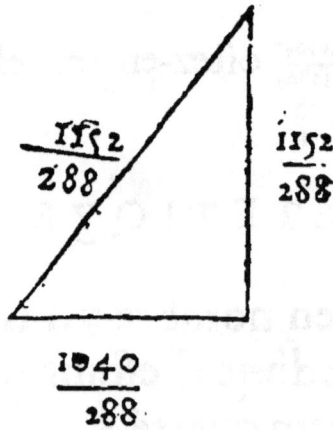

$$\frac{1152}{288} \qquad \frac{1152}{288}$$

$$\frac{1040}{288}$$

L'aire $\frac{599.040}{82.944}$ soit ostee de 10. restera $\frac{230.400}{82.944}$ quarré
de la racine $\frac{480}{288}$ ou $\frac{5}{3}$.

Z ij

ZETETIQVE XII.

TReuuer en nombre trois quarrez , tels que le plan plan qui eſt fait ſous deux d'iceux, adjouſté à ce qui eſt fait de l'aggregé des deux , par le quarré d'vne longueur donnée , faſſe vn quarré.

Soit la longueur donnee X. & que le premier quarré ſoit A q. ⌐ X par 2 A + X q. duquel la racine eſt A ⌐ X. le ſecond quarré ſoit A q. duquel la racine eſt A. le troiſieſme 4 A q. ⌐ X par 4 A + 4 X q. Doncques de la multiplication du premier par le ſecond, adjouſtant la ſomme du premier & du ſecond multipliee par X q. lon produira le quarré de A q. ⌐ X par A + X q. racine plane. Et de la multiplication du ſecond par le troiſieſme, y adiouſtant la ſomme du ſecond & du troiſieſme multipliee par X q. lon produira le quarré de 2 A q. ⌐ X par A + 2 X q. racine plane. Et finalement de la multiplication du premier par le troiſieſme, y adiouſtant la ſomme du premier & du troiſieſme multipliee par X q. lon produira le quarré de 2 A q. ⌐ X par 3 A + 3 X q. qui eſt auſsi racine plane. Soit donc la racine du troiſieſme qui se doit treuuer egal D —2 A. donc $\frac{D\,q - 4 \times q}{4\,D - 4\,A}$ sera egal à A.

Soit X 3. D 30. A fait 8. partant les quarrez cherchez sont ceux-cy : le premier 25. le second 64. le troisiesme 196. qui satisferont à ce qui est requis. Car ce qui est fait du premier par le second, adiousté à 801. fait 2401. quarré de 49. Et derechef ce qui est fait du second par le troisiesme, adiousté à 2340. fait 14884. quarré de 122. finalement ce qui est fait du premier par le troisiesme, adiousté à 1089. fait 6989. quarré de 83. les mesmes trois quarrez chacun en particulier adioustez au double du quarré de la longueur donnee, si du plan plan qui en prouiendra lon oste le plan plan fait sous l'aggregé de deux d'iceux quarrez, & le quarré de la longueur donnee, ce qui restera sera vn quarré. Comme en l'hypothese que nous venons d'apporter, le double du quarré de la longueur donnee est 18. lequel estant adiousté à chacun des trois quarrez qui ont esté pris, les trois plans qui en prouiennent, sçauoir le premier 43. le second 82. le troisiesme 214. satisferont à ce qui est requis. Car en ostant ce qui est fait du premier par le second de 1125. resteront 2401. & ce qui est fait du second par le troisiesme de 2664. restera 14884. & en fin ce qui est fait du premier par le troisiesme de 2313. restera 6889.

ZETETIQVE XIII.

Coupper la longueur donnee X. en telle sorte qu'en adiouftant B au premier fegment, & D au fecond, les parties allongees eftant multipliees l'vne par l'autre, que le produict foit vn quarré.

Le premier fegment foit A — B. l'autre doncques fera X — A + B. partant adiouftant B au premier fegment, ce qui en reuiendra fera A. pareillement adiouftant D au fecond, ce qui en prouiendra fera X — A + B + D. C'eft pourquoy B + D + X par A — A q. fe doit treuuer egal à vn quarré, duquel la racine foit $\frac{S}{X}$ partant le quarré fera $\frac{S q. par A q.}{X.}$ doncques $\frac{B + D + par q}{S q. — X c}$ fera egal à A, fuiuant les pofitions. Le premier fegment fera $\frac{D + X par X q. — B p. S \frac{1}{2}.}{S q. — X q.}$ le fecond $\frac{X + B ra \ q. — 1. par X q.}{S q. — X q.}$ partant afin que lon puiffe faire fouftraction, il faudra que S q. foit moindre que $\frac{X c. p. b. + X.}{B}$ mais plus grand que $\frac{X q. par D.}{B — X.}$

Soit X 4. B 12. D 20. il faudra que S q. foit moindre

que 32.mais plus grande que 20.que ce ſoit 25. le premier ſegment ſerᴀ $\frac{84}{41}$ le ſecond $\frac{40}{41}$ Celuy cy eſtant allongé ſera $\frac{900}{41}$ Celuy-là $\frac{576}{41}$ Ce qui eſt fait ſous tous les deux eſt $\frac{518400}{1681}$ quarré de la racine $\frac{720}{41}$

Soit X 3. B 9. D 15. il faudra que S q. ſoit moindre que 18.mais plus grande que $11\frac{1}{4}$ Que ce ſoit 16. le premier ſegment ſera $\frac{18}{25}$ le ſecond $\frac{57}{25}$ Celuy-cy allongé fait $\frac{432}{25}$ Celuy-là $\frac{1083}{25}$ Ce qui eſt fait ſous les deux eſt $\frac{156815}{625}$ quarré de la racine $\frac{324}{25}$.

ZETETIQVE XIV.

ESgaller A q. moins G pl. à vn quarré qui ſoit moindre que D par A. mais plus grand que B par A.

Soit fait vn quarré de A — F, doncques A q. — F par 2 A + F q. ſera egal à A q. — G pl. & par conſequent $\frac{F q. + G pl.}{2 F}$ ſera egal à A. mais dautant que A q. — G plan eſt moindre que D par A, partant A q. ſera moindre que D par A + G pl. Et derechef A q. — D par A ſera moindre que G pl. d'où il arriue que A eſt moindre que ℞ D q. $\frac{1}{4}$ + G pl. + D $\frac{1}{2}$ Que S ſoit propoſee egalle ou plus grãde que ℞ D q. $\frac{1}{4}$ + G pl. + D $\frac{1}{2}$

partant A fera plus petit que S. Au rebours, dautant
que A q. ⏤ G pl. eſt plus grand que B par A → G pl.
& derechef que A q. ⏤ B par A eſt plus grand que
G pl. Il arriuera que A fera fait plus grand que ℞ B q.
$\frac{1}{4}$ → G pl. ⏤ B $\frac{1}{2}$. Que R ſoit propoſee eſtre egalle
ou plus petite que ℞ B q. $\frac{1}{4}$ → G pl. → B $\frac{1}{2}$ donc A fera
plus grand que R. C'eſt pourquoy F q. → G pl. fera
moindre que S par 2 F, mais plus grand que R par 2
F. partant il ne faut pas prendre F telle qu'on voudra,
mais telle qu'elle ne paſſe point les limites preſcripts.
Qu'elle ſoit en la Zethefe E. donc S par 2 E ⏤ E q.
fera plus grand que G pl. par le moyen dequoy lon
prendra F plus grande que S → ℞ S q. ⏤ G pl. Au rebours, R par 2 E ⏤ E q. fera plus grande que G pl.
ſi bien que F fera priſe plus grande que R → ℞ R q.
⏤ G plan.

Soit G pl. 60. B 5. D 8. A. 1 N. 1 N fera moindre
que ℞ 76 → 4, & plus grand que ℞ $\frac{265}{4}$ → $\frac{5}{2}$. mais 12 eſt
moindre que ℞ 76 → 4. car la valeur du quarré de 12
eſt ℞ 64 → 4. & 11 eſt plus grand que ℞ $\frac{1}{4}$ → $\frac{5}{2}$. Soit
donc priſe S 12. R 11. il faudra choiſir F plus petite
que 12 → ℞ 84. mais plus grande que 11 → ℞ 61. mais
21 eſt plus petit que 12 → ℞ 84. car la valeur du quarré
de 21 eſt 12 → ℞ 81. & 19 eſt plus grand que 11 → ℞ 61.
car la valeur du quarré de 19 eſt 11 → ℞ 64 C'eſt pourquoy

quoy F fera 2⅛. ou 19. ou quelqu'autre nombre ra-
tionel qui tombe entre 2⅛. ou 19. foit pris 20. 1 N
fera 1 4/11.

Et de là nous tirerons la folution du probleme propofé en l'Epigramme Grec, qui finit le
cinquiefme liure de Diophante.

Vn maiſtre à de deux vins fous vne meſme tonne,
L'vn de huiƐt fous la pinte, & l'autre de cinq fous,
Pour donner aux valets il les meſlange tous,
Leur prix enſemblement vn nombre quarré donne,
Auquel en adjouſtant certaines vniteƵ,
La racine du tout fait le nombre des pintes :
Sus , enfant , maintenant treuueƵ les quantiteƵ ,
De huiƐt & de cinq fous, & dites-les ſans feinte.

Somme des pintes.	12 4/11
Pintes à cinq fols.	2 1/121
Pintes à huiƐt fols.	10 10/121

Prix des pintes à cinq fols. $10\frac{10}{121}$

Prix des pintes à huict fols. $80\frac{94}{121}$

Prix total des pintes, tant du prix de cinq, que du prix de huict fols. $\frac{11236}{121}$ ou $92\frac{104}{121}$

$\frac{11236}{121}$ Quarré plus grand que B par A. fçauoir $61\frac{9}{11}$

Moindre que D par A. ou $98\frac{10}{11}$

Sçauoir A q. — G pl. ou $\frac{18496}{121}$ — 60

Nombre des vnitez. 60

Somme du prix & des vnitez. $\frac{18496}{121}$

Qui est le quarré, ayant pour costé $\frac{136}{11}$ ou $12\frac{4}{11}$ nombre des pintes.

C'est pourquoy nous finirons icy nostre cinquiesme liure des Zeteticques.

LOVYS par la grace de Dieu, Roy de France & de Nauarre, A nos amez & feaux les Gents tenans nos Cours de Parlements, Maiſtres des Requeſtes ordinaires de noſtre Hoſtel, Baillifs, Seneſchaux, ou leurs Lieutenans, & autres nos Iuſticiers ou Officiers qu'il appartiendra. Salut. Noſtre bien amé Anthoine Vaſſet nous a fait remonſtrer, qu'il a depuis peu de jours en ça traduit vn liure intitulé, *les Oeuures du Sieur Viete, Maiſtre des Requeſtes, contenant l'Iſagoge, les Zetetiques, les Effections Geometriques, le Supplément de Geometrie, la Reſolutiõ des Puiſſances Simples & Affectees, l'Emendatiõ & Recognition des Aequations*, lequel liure il deſireroit faire imprimer Mais parce que quelques-vns pourroiét s'ingerer de le contrefaire, & par ainſi le fruſtrer du fruiĉt de ſõ labeur, il nous a requis nos lettres à ce neceſſaires. A CES CAVSES inclinant liberalement à la ſupplication dudit Vaſſet, nous luy auons permis & permettons par ces preſentes, de faire imprimer ledit liure en tel volume & caractere que bon luy ſéblera, & iceluy faire vendre & debiter durant le temps & eſpace de ſix ans, entiers & conſecutifs, à compter du jour qu'il ſera acheué d'imprimer pour la premiere fois. Pendant lequel temps faiſons tres-expreſſes inhibitions & deffences à tous Libraires, Imprimeurs, & autres de noſtre Royaume, de faire imprimer, vendre, ny debiter ledit liure, ſous quelque déguiſement que ce ſoit, à peine de mil liures d'amande, applicables moitié à nous, & moitié audit Vaſſet, ou ceux qui auront droiĉt de luy, auec confiſcation des exemplaires qui ſe trouueront d'autre impreſſion que celle que luy, ou eux, auront fait faire, deſpens dommages & intereſt. & d'eſtre procedé contre ceux qui en ſeront trouuez ſaiſis, comme s'ils les auoient imprimez, & fait imprimer. Voulons, & nous plaiſt, que mettant vn Extraiĉt des preſentes au commencement ou à la fin de chacun exemplaire, elles ſoient tenuës pour deuëment ſignifiees, & venuës à la cognoiſſance de tous nos ſubjeĉts, & qu'aux coppies collationnees foy ſoit adjouſtee comme au preſent original. SI VOVS MANDONS, & à chacun de vous enjoignons, faire jouyr & vſer plai-

nement & paisiblement ledit Vasset de l'effect de ces presentes, ou
ceux qui auront son droict. Mandons en outre au premier nostre
Huissier ou Sergent sur ce requis, faire tous exploicts de saisies, &
autres necessaires, sans demander congé, Visa, ne Pareatis, nonob-
stant oppositions ou appellations quelconques, clameur de Haro,
Chartre Normande, prise à partie, Coustume de pays, & lettres à ce
contraires, ausquelles nous auons dérogé & dérogeons par ces presentes, à la charge que ledit Vasset mettra en nostre Bibliotheque
deux exemplaires dudit liure, auant que de l'exposer en vente, &
jouyr de l'effect du present Priuilege, Car tel est nostre plaisir. Donné à Fontaine-bleau le 7. iour de Septembre 1629. Et de nostre re-
gne le 17.

Signees,
           Par le Roy en son Conseil.

                        LE LONG.

   Et seellees du Grand Sceau de cire jaune sur simple queuë.

L Edit sieur Vasset a cedé & transporté le droict de son Priuilege,
  pour l'*Isagoge* & *les Zeteriques*, à Pierre Rocolet, Marchand
Libraire à Paris, comme il est porté par le Contract passé entr'eux
pardeuant Nottaires.

  Fournis les deux Exemplaires en la Bibliotheque
du Roy, par ledit Rocolet.

  Acheué d'Imprimer le 30. Mars 1630.

www.ingramcontent.com/pod-product-compliance
Lightning Source LLC
Chambersburg PA
CBHW070526200326
41519CB00013B/2943